粤农节瓜

节 瓜

U0249760

迷你型南瓜

1

密本南瓜

巨型观赏南瓜

大棚栽培的京红栗南瓜

2

无土栽培的吉祥1号南瓜

大肉1号苦瓜

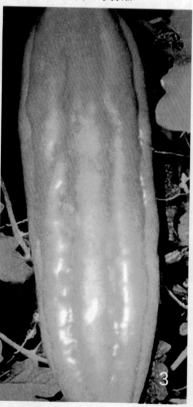

形形色色的观赏南瓜

大顶苦瓜

绿皮苦瓜

长身苦瓜

4

冬瓜南瓜苦瓜高产栽培

（修订版）

编著者

刘宜生　吴肇志　王长林

本书被评为全国农村
青年最喜爱的科普读物

金盾出版社

内 容 提 要

本书第一版自1994年出版以来,受到广大读者欢迎,1997年被评为全国农村青年最喜爱的科普读物。根据10年来瓜类育种和栽培技术的新发展,作者对本书第一版进行了修订,更新了部分老品种,介绍了冬瓜、南瓜和苦瓜共57个新优品种,增加了无公害栽培、保护地栽培和其他栽培技术。全书内容包括冬瓜、南瓜和苦瓜生物学特性、新优品种选择、栽培管理技术、留种与采种、产品贮藏及病虫害防治等。本书内容丰富,技术先进,文字通俗易懂,可操作性强,适合广大菜农、基层农业技术人员和农业院校有关专业师生阅读参考。

图书在版编目(CIP)数据

冬瓜南瓜苦瓜高产栽培/刘宜生,吴肇志,王长林编著.—修订版.—北京:金盾出版社,2005.8(2017.6重印)
ISBN 978-7-5082-3738-1

Ⅰ.①冬… Ⅱ.①刘…②吴…③王… Ⅲ.①冬瓜-蔬菜园艺②南瓜-蔬菜园艺③苦瓜-蔬菜园艺 Ⅳ.①S642

中国版本图书馆 CIP 数据核字(2005)第 088684 号

金盾出版社出版、总发行
北京太平路5号(地铁万寿路站往南)
邮政编码:100036 电话:68214039 83219215
传真:68276683 网址:www.jdcbs.cn
彩色印刷:北京金盾印刷厂
黑白印刷:北京万友印刷有限公司
装订:北京万友印刷有限公司
各地新华书店经销
开本:787×1092 1/32 印张:4.875 彩页:4 字数:104千字
2017年6月修订版第18次印刷
印数:218 001~221 000册 定价:10.00元

目　　录

一、冬　瓜

（一）概　述

　　冬瓜又名东瓜、白瓜、白冬瓜、枕瓜、水芝、地芝。属于葫芦科冬瓜属的一年生蔓性植物。冬瓜原产于我国南方和印度、泰国等热带地区。我国的广东、广西、湖南等省（自治区）和长江流域栽培较多，有着丰富的品种资源和高产栽培经验，是冬瓜的著名产区。近年来，我国北部寒冷的黑龙江省，西部的新疆、西藏等地也开始栽培冬瓜。冬瓜具有耐热耐湿、适应性强等特点，在炎热的夏季能茁壮生长，获得很高的产量和优良的品质；在北方栽培，通过保护措施和因地制宜的栽培技术也能使之生长良好。冬瓜对缓和蔬菜淡季特别是八九月份蔬菜淡季的供应，具有重要的作用。各地通过长期的栽培驯化，使冬瓜的品种不断更新，适应性更强，栽培更为广泛，通过错开播种期和早、中、晚熟品种搭配，以及贮藏、运输等的调节，保证了冬瓜的周年均衡供应。

　　冬瓜具有栽培容易、产量高的特点。冬瓜的重量因品种不同而差异很大，一般早熟品种单瓜重只有1～3千克，中晚熟品种有10～20千克，少数高产的可达50千克。

　　冬瓜以嫩瓜或成熟的瓜供食用，食法多种多样，是盛夏时节别具风味的消暑汤菜，可做成素、荤炒菜，也可清蒸、烧煮、凉拌吃，或与肉混合成馅包饺子吃。冬瓜切成段去瓤，加入适量的芦笋、番茄、丝瓜、香菇、木耳、竹笋、素鱼丸子等做成什锦冬瓜盅,更是宴席上的美味佳肴。冬瓜还可加工成冬瓜干,或制成爽脆美味的冬瓜糖、冬瓜脯、冬瓜蜜饯等食品,是我国传统出口创汇的商品。

冬瓜营养丰富。根据中国医学科学院卫生研究所编著的食品成分表的分析结果:每100克鲜冬瓜中含有蛋白质0.4克,碳水化合物2.4克,粗纤维0.4克,维生素C 16毫克,钾135毫克,钙19毫克,磷12毫克,铁0.3毫克,胡萝卜素0.01毫克,维生素B_2 0.02毫克,维生素B_1 0.01毫克,烟酸0.3毫克。

冬瓜还有一定的药用价值。冬瓜的种子、瓜皮,甚至瓜瓤、花、茎、叶均可入药。据分析,冬瓜的雌花中含有精氨酸、天门冬氨酸、谷氨酸、天门冬素;种子中富含皂苷、尿酶、瓜氨酸、亚油酸、腺嘌呤、葫芦巴碱等,都是人体很好的营养成分或医药成分。冬瓜皮性寒,味甘,有利尿消肿、清热解毒作用。冬瓜是高钾低钠低热能的蔬菜,对于那些不需要钠盐或仅需低钠盐食物的肾脏病、浮肿病、高血压、心脏病、肥胖症患者大有益处,经常食用冬瓜,可促使体内脂肪转化为热能,起到减肥的作用,成为经济实惠的保健蔬菜,冬瓜食疗甚至比药物或物理减肥更为简便、有效。老年人多食冬瓜,可以镇咳祛痰,对防治矽肺病有良好的作用。产妇多吃冬瓜,可以起催乳作用。小儿出麻疹时多吃冬瓜,能清热解毒,加速诱疹。冬瓜也可与其他食品配合,起食疗作用。如冬瓜加粳米、火腿等煮成冬瓜粥,可清热解毒,利尿消肿,祛痰镇咳,对中暑、高烧、口渴、痰鸣、咳喘、水肿等也有一定疗效。冬瓜籽炒熟,长期服用能益脾健胃,清肝明目,令人皮肤润泽。冬瓜籽仁捣烂,与蜂蜜调匀涂擦面部,不仅可以滋润和保护皮肤,而且可治雀斑症。冬瓜的食疗保健作用已越来越引起人们的关注。

（二）冬瓜的生物学特性

1. 冬瓜的植物学特征

（1）根 冬瓜属于深根性植物,其根分为主根、侧根和须根,由主根和多次分级的侧根构成强大的根群系统,按圆锥形分布在土壤里,有固定植株和吸收土壤中水分和营养物质的功能。主根深入土层1～1.5米。但在育苗移栽过程中,主根往往伤断,影响入土深度。侧根和须根一般大量分布在耕作层15～25厘米的范围内。根群的分布受土壤的物理性状、耕作层的深浅、地下水位的高低、施肥方法和施肥种类以及品种特性等影响。根群的分布具有趋肥、趋水、趋氧的特性,一般在土壤较疏松,有机肥元素较多而潮湿的地方,根群分布比较密集;在干旱而瘠薄的硬土中,根群则分布少。一般大型冬瓜品种的根群比小型品种分布广,入土深,吸收力强。因此,在栽培冬瓜时,就要根据品种和土壤情况,进行深翻做畦,施肥灌水,为满足根群的生长扩展,创造良好的条件。冬瓜易产生不定根,在高产栽培时,可通过培土或压蔓等方法,促使不定根的发生,增强吸收能力,扩大吸收面积。

（2）茎 冬瓜的茎可无限生长,攀缘性很强。冬瓜的茎为五角棱形,绿色,中空,表面密被茸毛,粗度为0.8～1.2厘米。茎的分枝能力强,茎上有节,节上可长叶和卷须等。初生茎节只有1个腋芽,抽蔓开始后每个叶节都潜伏着侧芽、花芽和卷须。在一定的条件下,侧芽可萌发成新的侧蔓,花芽可开花或结果,卷须可以伸长起攀缘作用。茎的长度因品种特性、生长期长短、土壤、肥水等不同条件以及整枝与否而有很大的差异,一般栽培冬瓜都采用整枝摘心技术控制其生长和开花结果,茎的长度控制在3～5米。在栽培管理上,对大果型品种只留1条主蔓,彻底摘除侧蔓,并留20～30片叶摘心,以减少营养消耗,保证光合作用能力,促进果实的发育长大。对小果型的早熟品种,一般在主蔓基部选留2～3条强壮的侧蔓,以增加单株的坐果数,其他侧蔓全部摘掉。留下的每一侧蔓留10～15片叶摘心,以集中营养长大瓜,提高产量。

(3) 叶 冬瓜的叶互生,单叶,无托叶。叶色浅绿或深绿,叶缘齿状,叶脉网状,背部突起明显。叶片正反面和叶柄上被满茸毛,有减少水分蒸发的作用。冬瓜的初生基叶为宽卵圆形或近似肾脏形,棱角不明显,叶基心脏形,随着茎蔓的生长,叶形发生变化,叶片边缘裂刻加深,由浅裂变为深裂,成为7裂掌状单叶。叶片的分化和叶面积的扩大,与环境温度密切相关,一般温度越高分化越快,叶面积也越大。正在成长的健壮植株,1天就可分化出1片小叶,3天就能发育成1片功能叶,具有旺盛的光合作用能力。叶片的寿命及功能受肥水条件、光照强度、温度高低、土壤性质、环境气体成分、病虫害等因素的影响,在栽培技术上要采取相应措施,如精耕细作、合理密植、整蔓摘心、科学施肥浇水和及时喷药防治病虫害等,以延缓叶片衰老,保持旺盛的光合作用能力。

(4) 花 冬瓜的花多数为单性花,即在同一植株上分别长有雌花和雄花,部分品种为两性花,也有少数品种为雌雄同株同花的。如北京的一串铃冬瓜,花柱上雌蕊与雄蕊都有授粉能力。一般先发生雄花,后发生雌花。雌雄花开放的时间,均在每天上午露水干后,晴天在7～9时,如遇阴雨天,湿度大或温度低则延迟到10时以后开放。开花期较短,一般24小时后花冠自然凋谢,柱头变褐,逐步失去发芽授粉能力。在花药开放前一天,花粉粒就已有发芽的能力,可以进行授粉受精。但受精能力最强时期,是盛开的鲜花时期。在进行人工授粉或杂交时,必须掌握好这一良机。冬瓜的雄雌花发生有一定的规律,与它的熟性密切相关,一般雄花分化较早,着生在植株上的节位较低,雌花则分化较晚,着生的节位较高。一般早熟品种多出现在第四五节叶腋上,中熟品种多出现在第九至第十二节叶腋中,晚熟品种多出现在第十五至第二十五节叶腋间。以后每间隔2~4节叶腋再着生第二和第三朵以至更多的雌花。这种现象称为"雌花连续性",这种连续性在品种间也有差异,一般早、中熟品种连续较多,可有4~5朵,而晚熟品种则较少,仅有1~2朵雌花连生在一起。冬瓜雌雄花的结构有明显差异。雄花花冠宽大,黄色,花瓣5片,合于同一花筒上,在花的中央三角形排裂着雄蕊3~5枚,顶生花药,花药呈"山"字形,花冠基部为花萼,每花有萼片5个,近戟形,绿色。雌花花瓣与雄花相同,雌蕊位于花冠基部中心处,柱头先端呈瓣状,3裂,浅黄色。子房下位,形状因品种而不同,有长椭圆形、短椭圆形、扁圆形、圆形、柱形等,一般为绿色,密被茸毛。子房的形态特征,是冬瓜品种分类的依据。雌花柄比雄花柄短而粗,上被密茸毛,随着果实的长大成熟而脱落。

(5)果实 冬瓜的果实为瓠果,是由下位子房发育而成的,内有3个心室,胎座3个(封4彩图),肉质化为食用部分,肉质外皮为瓜皮,是由子房壁发育而成的。皮层细胞组织紧密,外层有角质层,质地坚硬,有的表皮下还有一层含叶绿素的细胞组织。叶绿素含量高,瓜呈现深绿色;叶绿素含量少,则瓜皮呈现浅绿色或黄绿色。有的表皮外分泌出一层白色结晶状蜡粉层,形成了冬瓜青皮种与粉皮种两大类型。冬瓜的大小和形状因品种不同而有很大差异。例如,一串铃冬瓜每个仅有1~2千克,青皮冬瓜每个可重达40~50千克。形状大体可分为近圆形、短扁圆形、长扁圆形、短圆柱形、长圆柱形。冬瓜嫩瓜或成熟瓜均可食用,嫩瓜不宜贮藏,也不能采种,以充分成熟的瓜最耐贮藏、运输,采种质量最好。

(6)种子 冬瓜的种子是由受精后的胚珠发育而成。一粒完全的种子由种皮、胚及子叶等主要部分组成。种皮比较坚硬,种子内无胚乳,子叶内含脂肪、瓜氨酸、皂苷等物质,是造成水分和氧气难以透过、浸种时间长、发芽困难的原因,所以,在浸种催芽育苗时必须注意这一特点,并采取相应措施。冬瓜种子的外形为近卵圆形或长圆形,扁平,一头稍尖,一头稍圆,尖端一头有两个小突起,小的为种脐,较大的突起为珠孔,均为水和气体进出的必经通道。种皮黄白色或灰白色,一般边缘光滑,少量有裂纹。有的种子边缘有一环形脊带,称为"双边冬瓜籽",无脊带者称为"单边冬瓜籽"。双边种子较轻,单边种子较重。一般冬瓜种子千粒重50～100克。发芽年限3～5年,以1～2年的为好,3年后发芽率下降较快。

2. 冬瓜的开花结果习性

栽培冬瓜的最终目的是收获高产优质的冬瓜产品。冬瓜产量的高低取决于植株的开花结果和生长发育习性,而开花结果习性又以茎、叶的生长为基础。所以,要获得冬瓜高产,必须掌握茎、叶在苗期、抽蔓期、开花结果期等不同阶段的生长发育规律,并采取相应的栽培技术措施,以控制或促进其茎、叶的生长,协调好其营养生长和生殖生长的关系。

(1)幼苗期 冬瓜种子经播种后,胚根(芽)伸入土层,在下胚轴左右两侧分生多级侧根,子叶往上顶出土面,这个阶段的营养,完全由种子的子叶原来贮藏的物质经过水解后供给。当子叶展开变绿后,便开始进行光合作用,制造有机营养,随后又不断分化出心叶,并不断地增大增多,直到出现4～7片真叶时,即为幼苗期。此阶段日历苗龄为30～50天(电热育苗约30天,冷床育苗约50天),按晚熟青皮冬瓜主茎蔓生长到45片叶时摘心,总长6米时摘心,其茎叶总生长量为100%计算,则幼苗期的全株叶面积可占总叶面积的15%左右。这个阶段茎的生长量也很少,只占总生长量的2%左右,苗期生长的重点是地下的根群,主根不断向下伸展,第二和第三级侧根不断增加,上层多,下层少,呈锥形分布,能大量吸收水分和肥料,为地上部生长和扩大同化作用的叶面积供给充足的营养物质。同时,地上部制造的大量有机物,又反过来促进根系的伸长与扩展,为以后的根深叶茂打下基础。幼苗期的植株,营养生长与生殖生长几乎同时并进,有些早、中熟品种,已开始花芽分化。例如,北京一串铃冬瓜、车头冬瓜,在3～5叶节时就开始连续分化雄花、雌花。而有些晚熟的冬瓜大型品种,如粉皮冬瓜、枕头冬瓜等,分化较晚,要在定植后长到15～25叶节时才开始分化第一雌花。雌花分化时,如环境条件不适宜,遇到阴雨天,光照弱,日照时间短,叶变黄绿色,上胚轴变细长,植株瘦弱,则雌花分化推迟,着生节位升高,即使已分化成的雌花,质量也差,花器弱小,花数减少,严重影响产量。所以,在育苗管理上必须保持疏松肥沃的床土,控制适宜的土温、气温和土壤湿度,并施以腐熟的、易分解吸收的肥料。同时加强通风透光的管理,增加光照强度和延长光照时间,提高光合作用效率。

(2)**抽蔓期**　当冬瓜幼苗生长到6～8片真叶时,开始抽出卷须,有的开始显现花蕾。新叶片分化加速,叶面积迅速扩大,达到占总叶面积的50%以上,叶重量也迅猛增加。茎蔓的节间进一步加快伸长,达到占茎蔓整个生长量的25%左右,平均日生长量在11厘米左右。植株因不能承受过重叶片的负担而倒伏,由直立生长变为匍匐生长,称为抽蔓期。抽蔓期的长短因品种不同差异很大,一般早熟品种现蕾节位很低,只有很短的抽蔓期,甚至没有明显的表现。大型冬瓜的晚熟品种,在10叶节以上才开始现蕾,其抽蔓期较长,一般为10～20天。这个时期植株的生育特点是扩大叶面积,分化新生叶片和侧蔓,加快营养体的生长速度。根系吸收的营养元素以氮肥为最多,因为氮素是原生质体和叶绿素形成以及细胞分裂增生的重要基础元素。如果氮素不能满足需要,则植株表现瘦弱,叶面积小,叶质薄,叶色黄绿,光合作用效率低,积累养分少,妨碍雌花的分化或现蕾。即使已形成的小果,也会黄化脱落。所以,在栽培管理上应特别注意调节好生殖生长与营养生长的关系。

(3)**开花结果期** 自冬瓜植株现蕾到果实成熟为开花结果期,是植株茎叶生长达到最旺盛的时期。茎的生长量约占总生长量的70%以上,平均日生长量可达9厘米左右,新生叶片因受到开花结瓜的影响,增长量仅占叶总面积的30%左右,但这个时期的叶片光合作用能力达到最高峰。以后随着果实长大,下部叶片不断衰老、变黄、脱落。这个时期植株生长的重点是连续开花坐果和瓜的长大发育,即生殖生长占优势,需要吸收大量的磷、钾肥料。冬瓜的主蔓、侧蔓均能开花结果,一般侧蔓发生雌花早,在第一、第二叶节即可出现雌花,以后每隔5～7节又发生1朵雌花,或者连续两节发生雌花。主蔓上一般先分化发育雄花,然后再分化发育雌花。如果到第四十五叶节摘心的话,可发生6～7朵雌花,如果不摘心,则雌花更多,可见冬瓜的高产潜力很大。但在实际生产中因受到肥水营养、季节温度、病虫害等许多因素的影响,不可能每朵雌花都结瓜,有很多是无效花,即使坐了瓜,为了取得高产优质的冬瓜,也要疏去多余的幼瓜,每株早熟小果型冬瓜保留3~6个,晚熟大果型冬瓜保留1~2个(老熟),如果收获大型嫩冬瓜,也可保留2~4个。

冬瓜的生长发育过程,必须经过开花受精、坐果、发育膨大、商品成熟、生理成熟等几个阶段。一般从开花到商品成熟,早、中熟品种需要21~28天,晚熟品种需要30天左右。从开花到生理成熟,早、中熟品种需要35~45天,晚熟品种需要40~50天。冬瓜的膨大发育全过程可大体划分为以下3个时期。

①果实发育初期　雌花经过开花授粉后,子房内的卵细胞经过受精,内部的生长激素迅速增加,细胞分裂加快,体积扩大,重量增加,这时如遇上连续阴雨低温天气,光合作用效率低,有机养分积累少而供应不足,或水肥供给不及时,则叶色黄绿,叶肉薄,子房黄萎脱落。如果开花期正值天气晴暖,光照充足,环境条件适宜,则叶色深绿,叶肉厚,光合作用效率高,积累有机养分多,足以满足子房迅速增大、增重的需要;当增重到一定程度的时候,果柄和子房明显变得粗大,果柄自然弯曲下垂,形成"弯脖"。此时子房已基本上坐住了果。

②果实发育中期　冬瓜坐果后,植株生长的重点是幼果的迅速增大、增重,这个时期植株体内的同化产物大量地向幼果输送。据有关试验证明,车头冬瓜在花谢后5~20天内,是果实体积增大、增重,果肉增厚最快的时期,果实横径每天增长0.6~3厘米。而茎叶生长量明显下降。

③果实发育后期　由于经过定瓜留瓜,每一植株留下少数生长势强,果柄和幼瓜壮实、粗大,发育最快的果实,此期的冬瓜得到充分的生长发育,有一部分进入了商品成熟阶段,可以收摘嫩瓜。如果继续生长发育,则瓜的肉质层进一步加厚充实,胎座细胞充分扩大,种子逐渐变硬、充实、成熟,进入生理

成熟阶段。瓜皮上的茸毛随着瓜的成熟逐渐脱落减少。粉皮冬瓜品种的果实逐渐出现白色蜡粉,开始由表皮细胞分泌白色结晶,先从果蒂顶部发白,逐渐延伸到基部,并渐渐加厚成为白色蜡粉层。植株的茎叶不再增长,反而逐渐衰老下降。叶片由青绿色逐渐转变为灰绿色,失去光泽,质地也变得硬、脆,失去生理功能,抗病能力下降。

3. 冬瓜对环境条件的要求

（1）温度　冬瓜是喜温蔬菜,耐热性强,怕寒冷,不耐霜冻,只能安排在无霜期内生产。冬瓜生长发育的适温为25℃～30℃,成株可忍耐40℃左右的高温,在高湿的环境下,短时间内可安全度过50℃的高温。成株对低温的忍耐能力较差,其临界温度为15℃。长期低于15℃,则叶绿素形成受阻,同化作用能力降低,影响开花授粉,即使坐了果也发育缓慢,如果再遇上光照差,则往往造成有机营养亏损而出现黄萎化瓜,甚至植株枯死。幼苗忍耐低温的能力较强,早春经过低温锻炼的幼苗,可忍耐短时间的3℃～5℃低温。低温时间长了会发生冷害,造成小老苗,影响产量。冬瓜对高温烈日的适应能力因品种不同而异,一般有白蜡粉的晚熟大型品种,适应能力较强,无蜡粉的青皮冬瓜适应能力较弱。冬瓜生育期积温在3 100℃～3 550℃时可正常发育,开花,结果。冬瓜植株的不同生育期对环境温度的要求不同,种子发芽期,以30℃～35℃发芽最快,发芽率最高;当温度降到25℃时,不仅发芽时间延长,而且发芽不整齐。在幼苗期,以25℃～28℃为宜;长期低于25℃,则幼苗生长缓慢,叶色黄绿;长期高于28℃,则叶色黄绿,叶肉薄,上胚轴伸展过长,茎秆纤细,表现徒长,抗性减弱,易感染病害。在茎叶生长和开花结果期,以25℃～30℃为宜。在此适温范围内,叶片的光合同化作用最强,有效时间长,冬瓜生长发育快；长期高于适温范围，容易引起植株早衰，萌发侧枝，抗性减弱，并易发生病毒病、蚜虫等病虫危害。

（2）光照　冬瓜属于短日照植物，也有人认为属于中光性作物。但实际上经过长期栽培的品种，适应性较广，已对日照要求不太严格，只要其他环境条件适宜，一年四季都可以开花结果，特别是小果型的早熟品种，在光照条件很差的保护地栽培，也能正常开花结果。冬瓜在正常的栽培条件下，每天有10～12小时的光照才能满足需要。植株旺盛生长和开花结果时期要求每天12～14小时的光照和25℃的温度，才能满足光合作用效率最高、生长发育最快的需要。光照弱，光照时数少，特别是连续阴雨低温天气，对冬瓜茎叶生长和开花结果很不利。因为这种天气使叶的同化功能降低，有机物质积累少，茎蔓变细，叶色变黄绿，叶肉薄，果实增长缓慢，容易感染病害，影响产量和质量。在日照过强、温度过高的条件下，果实又容易发生日烧病和生理障碍，从而影响产品质量。幼苗在低温短日照条件下，有促进发育的作用，可使雌花和雄花发生的节位降低。而在早春育苗时，温度为15℃、日照为11小时左右的条件下培育出的幼苗，在第五、第六叶节便发生雌雄花，有的甚至出现先发生雌花的现象。这种促进雌花提早发生的特性，在利用大瓜型晚熟冬瓜作早熟高产栽培时，可加以利用。

（3）水分　冬瓜是喜水、怕涝、耐旱的蔬菜。因为它具有繁茂宽阔的叶片，蒸腾面积大，花多瓜大，发育快，消耗水分多，需要补充大量水分。冬瓜的根系发达，根毛细胞的渗透压大，吸收能力很强，根际周围和土壤深层的水分均能吸收，加上地上部的茎叶表面具有许多茸毛，亦能减少体内水分的蒸腾。所以，它又有较强的耐旱能力。冬瓜植株根深叶茂，花果多而大，吸收、消耗、积累都多，需氧量也大，特别是土壤中的根系，害怕土壤积水而缺氧。据实践观察,田间积水4小时以上时,就有可能发生植株死亡现象。所以,必须选择地势高燥,地块平坦,畦沟相通,旱能浇,涝能排,雨后不积水的地块来种冬瓜。冬瓜要求适宜的土壤湿度为60%～80%,适宜的空气相对湿度为50%～60%。冬瓜在不同的生育时期,需水量不一样,一般在种子播种发芽出土时期,土壤含水量保持80%,幼苗期保持在60%～70%为宜。随着植株的生长发育,对水分的需求量逐渐增加,到开花结果期,叶蔓迅速生长,不断开花坐果,特别是在定果以后,果实不断增大、增重,需要水分最多,这时期就要根据天气情况、下雨多少和土壤墒情浇水,保持土壤见干见湿。到了果实发育后期,应逐渐减少浇水,特别是采前1周左右,应停止浇水,否则果实品质降低,不耐贮藏。冬瓜对空气相对湿度要求也较为严格,在种子出土时,如过于干燥(空气相对湿度50%以下)不利于顶土出苗,即使子叶顶出土面后种壳也不易脱落。在幼苗期如空气干燥,再遇上高温天气,则子叶发育不肥大,植株瘦小,蚜虫发生猖獗,病毒病危害严重。在植株开花结果时,空气相对湿度偏低(50%～60%),有利于花药开放和花粉粒散出发芽,传粉受精率高。空气相对湿度过高(70%以上)又遇阴雨天气时,则影响花药的开裂和花粉粒的散出,甚至因互相粘连而造成不能授粉受精,子房黄萎脱落,叶片易暴发霜霉病。

(4)土壤肥料 冬瓜是一种对土壤要求不太严格、适应性广而又喜肥的蔬菜。它在沙土、壤土、黏土、稻田土中都能生长,但以物理性状结构好、肥沃疏松、透水透气性良好的砂壤土生长最理想。冬瓜植株耐酸耐碱的能力较强,在土壤pH值为5.5～7.6时均能适应。在南方酸性土壤栽种,要注意多施石灰,以中和酸性。在盐碱较重的地区栽培冬瓜,要注意冬季进行深翻晒垡,春季早耙地以防止返碱,并多施农家肥,配合勤中耕压碱等措施,亦能获得高产。冬瓜植株对氮、磷、钾元素的要求比较严格,每生产1 000千克冬瓜果实,大体需要氮1.3~2.8千克,五氧化二磷0.6~1.2千克,氧化钾1.5~3千克,三者之比约为1∶0.4∶1.1。植株的吸收量是幼苗期少,抽蔓期较多,而开花结果期特别是果实发育前期和中期吸收量最多,后期吸收量又减少。中、晚熟冬瓜品种对氮要求较高,在一定的范围内,增施氮肥与主茎伸长呈正相关。增施磷、钾肥可延缓早熟品种的衰老期,并能降低雌花节位,提高单瓜重量。

(三)冬瓜的类型和品种与栽培方式

1. 分 类

我国栽培冬瓜的品种类型很多,主要是根据瓜的特征进行分类:

第一,按瓜形,可分为近圆形、短扁圆形、长扁圆形、短圆柱形、长圆柱(筒)形5类。

第二,按瓜皮颜色和被蜡粉与否,分为青皮冬瓜和粉皮冬瓜两大类。此分类法在商业市场上用得比较普遍。

第三,按瓜大小,分为小型冬瓜和大型冬瓜两大类。此分类法在蔬菜生产栽培上用得比较普遍。

第四,按冬瓜植株熟性,分为早熟、中熟、晚熟3个类型。此分类法在蔬菜栽培上用得比较普遍。

2. 主要品种简介

(1)早熟类型品种

①一串铃冬瓜 北京地区农家品种。植株生长势中等,叶

片较小,掌状,深绿色。花单性或雌雄同花,结瓜多,冬瓜多为近圆形到扁圆形,一般高18～20厘米,横径18～24厘米,肉厚3～4厘米,单瓜重1～2千克。冬瓜成熟时表皮青绿色并被有白色蜡粉,以采收嫩瓜供食为主。肉质白色,纤维少,水分多,品质中上。本品种适宜于保护地或露地早熟栽培。

②一串铃4号冬瓜 中国农业科学院蔬菜花卉研究所育成的早熟小型冬瓜。生长势中等,叶片掌状,茎节较短。第一朵雌花出现在主蔓第六至第九叶节,每隔2～4节出现1朵雌花,有连续出现雌花的现象。瓜高桩形,底部略大,瓜面被有白粉,商品性好。单瓜重1～2千克。嫩瓜250克左右即可食用。生育期为100～120天,育苗期35天左右,从定植至始收商品嫩瓜40～55天,从商品嫩瓜至生理成熟需25天左右。适宜各类保护地及春季露地早熟栽培。

③牛脾冬瓜 广东省广州市农家品种。植株生长势中等,分枝力较强,叶掌状,深绿色,主蔓上第十三叶节着生第一朵雌花。耐旱、耐热、耐病性强,适于春季露地早熟栽培。果实较大,瓜长圆柱形,上部稍细,下部稍粗,一般长70厘米,横径14厘米左右,瓜肉厚5厘米左右。外皮深绿色,肉白色,组织紧实,肉质致密。单瓜重5～6千克。

④一窝蜂冬瓜 又名早冬瓜。江苏省南京市农家品种。植株生长势较弱,蔓较短,叶掌状,深绿色,主蔓上自第六叶节开始发生第一朵雌花,以后每隔1～2节又连续发生雌花。结果较多,瓜多为短圆柱形,果皮青绿色,无蜡粉,瓜肉白色,品质中等。一般单瓜重1.5～2.5千克。

⑤五叶子冬瓜 又名小冬瓜。四川省成都市地方品种。植株蔓生,分株力强,叶掌状5裂,第一朵雌花发生在主蔓第十五叶节左右,主侧蔓均可结瓜。瓜为短圆柱形,一般长30～35

厘米,横径 20 厘米左右,其基部及顶部略下凹,外皮青绿色,蜡粉较少。老熟时为绿色,平滑,果肉厚 3～5 厘米,白色,肉质致密,味微甜,品质优良。单瓜重 5 千克左右。

⑥吉林小冬瓜　吉林省吉林市农家品种。植株生长势中等,蔓较短,叶较小。主蔓上第十叶节开始着生第一朵雌花,以后每隔 1～2 节又连续发生雌花。果实较小,单瓜重 1～2 千克。瓜多为长圆柱形,一般长 28 厘米左右,横径约 13 厘米,果实外皮浅绿色,满被白色茸毛,无蜡粉,皮薄肉厚,果肉白色,品质中上等。

⑦上海白皮冬瓜　上海地区农家品种。植株蔓生,生长势强,叶肥大,掌状,主蔓上第十七叶节开始发生第一朵雌花。瓜多为长圆柱形,一般长 50～55 厘米,横径 20～25 厘米,瓜皮绿色,满被白色蜡粉。单瓜重 7～10 千克。皮厚肉薄,耐贮藏。品质中等。

⑧早丰　由上海市农业科学院园艺研究所育成的一代杂种。植株生长势强,主蔓第九至第十九叶节着生第一朵雌花,以后每隔 6 节左右着生 1 朵雌花。果呈圆筒形,果皮较硬,深绿色,两端略有蜡粉。肉厚,白色,质地致密,干物质和可溶性糖含量较高,品质好。抗日灼病。耐贮运。早熟丰产。单瓜重 8～9 千克。

⑨早熟粉杂冬瓜　由湖南省长沙市蔬菜所育成的一代杂种。植株生长势强,第一朵雌花着生在主蔓第七至第九叶节,两雌花间隔 5～6 节,嫩瓜呈圆柱形。每株可收 2～3 个嫩瓜,单瓜重 3～5 千克。若收老熟瓜,主蔓上留 1 个瓜。瓜长 40～50 厘米,横径 9～15 厘米,单瓜重可在 13～20 千克。瓜蔓前期生长迅速,坐果率高,果实膨大快。瓜外皮呈浅绿色,密被茸毛和白色蜡粉,肉厚,质地致密,品质佳。抗性强,适应性广。早熟,高

产。

⑩早熟青杂冬瓜 由湖南省长沙市蔬菜所育成的一代杂种。植株生长势强,第一朵雌花着生在主蔓第八至第十叶节,两雌花间隔6～7节。嫩瓜呈圆柱形。每株留2个瓜。单瓜重4～6千克。若采老熟瓜,一般在主蔓留1个瓜,瓜长45～50厘米,横径8～13厘米,单瓜重4.5～8千克。瓜皮为墨绿色,密被茸毛,蜡粉少,肉厚白色,质地致密,品质佳。抗病性强,适应性广。耐贮运。

⑪绿春8号小冬瓜 由天津市蔬菜研究所育成的早熟小冬瓜一代杂种。植株生长势强,主蔓第四至第六叶节着生第一朵雌花,以后每隔3～5节着生1朵雌花或连续着生雌花。瓜短圆筒形,商品瓜绿色,具白茸毛,有绿斑点。老熟瓜无蜡粉或少具蜡粉。肉质致密,较耐寒,抗病性强,商品瓜长和横径各18厘米左右,单瓜重1.5～2.5千克。用于保护地、春露地及秋季栽培。

(2)中熟类型品种

①小车头冬瓜 北京地区农家品种。植株蔓生,茎叶长势强,叶面积大,主蔓上第八节至第十二叶节发生第一朵雌花,以后每隔2～3叶节再连续出现第二、第三、第四朵雌花。瓜为扁圆形,成熟时瓜脐和梗部稍凹下,单瓜重3～5千克,瓜皮灰绿色,表面被白色蜡粉及茸毛。一般果长21～24厘米,横径20～22厘米,果肉厚3厘米左右。肉质致密,白色,品质好。耐贮运。

②大车头冬瓜 北京地区农家品种。植株生长势强,叶大,掌状,深绿色,以主蔓结瓜为主。第一朵雌花着生于主蔓第十五至第二十叶节,以后每隔2～3叶节再发生1朵雌花。花果较少,果近圆形或扁圆形,脐部及梗洼处稍凹下。一般果长

24～26 厘米,横径30～35 厘米。瓜皮灰绿色,成熟时被有白色蜡粉,并有稀疏针状刺毛,瓜肉厚4.5 厘米左右,肉白色,致密,纤维少,品质较佳。一般单瓜重5～10 千克。

③粉皮冬瓜　湖南省长沙地区农家品种。植株蔓生,生长势强,分枝性中等,叶掌状,深绿色,主蔓上第十七至第二十二叶节着生第一朵雌花,以后每隔7～8 叶节又出现一雌花。瓜为长圆柱形,下部稍大,一般果长70～88 厘米,横径25～29 厘米,果皮浅绿色,密被刺毛和白色蜡粉,果肉厚3～4 厘米,肉质稍松,品质中等。一般单瓜重15～25 千克,最大的可达35 千克以上。

④灰斗冬瓜　广东省广州地区农家品种。植株蔓生,生长势强,叶掌状,深绿色。第一朵雌花发生在主蔓第十六至第十九叶节,以后每隔4～5 叶节又着生1 朵雌花,或连续着生两朵雌花。瓜为短圆柱形,一般长40 厘米左右,横径约33 厘米,瓜皮灰绿色,成熟时被有白色蜡粉。瓜肉厚约5 厘米,肉质紧实,白色,纤维较多,品质中等。耐贮运。一般单果重12～20 千克。

⑤青皮冬瓜　福建省福州市郊区农家品种。植株蔓生,生长势中等,叶掌状,五角形,绿色,主蔓上第十五叶节发生第一朵雌花。瓜为长圆柱形,略呈三角状,一般瓜长78 厘米左右,横径约26 厘米。瓜皮黄绿色并具深绿色花斑,平滑,蜡粉少,被有稀疏刺毛及白色茸毛。果肉较厚,肉质致密,含水分少,味淡,品质中等。除熟食外,还适于加工制干或糖渍。一般单瓜重13 千克左右。

⑥内江大冬瓜　四川省内江地区农家品种。植株蔓生,生长势中等,叶掌状5 裂。第一朵雌花着生于主蔓第十五叶节左右,此后每隔5 叶节左右又出现1 朵雌花。瓜为长圆柱形,基部及顶部有浅凹陷,瓜皮绿色,并被有蜡粉,嫩瓜有条纹,老熟后

逐渐消失。一般瓜肉厚约 4 厘米,白色,肉质疏松,味微甜。适宜于加工做蜜饯。单瓜重 5～8 千克。

⑦ 粉杂 1 号　由湖南省长沙市蔬菜所育成的一代杂种。植株生长势强,主蔓第十八至第二十叶节出现第一朵雌花,两雌花间隔 7～9 节。瓜呈长圆柱形,嫩瓜皮深绿色,密被蜡粉和茸毛,肉厚,质地致密,味甜而面,品质佳。单瓜重 18～23 千克,最大的可达 35 千克。一般每 667 平方米产量 5 000～7 000 千克。较耐日灼病。耐瘠薄。耐贮运。抗逆性强,适应性广。熟食汤汁不糊。

⑧ 巨人 2 号黑皮冬瓜　由广东省农业科学院蔬菜研究所育成的新品种。植株生长势旺盛,主蔓第十七至第二十叶节着生第一朵雌花。果实呈长圆柱形,一般长 58～65 厘米,横径 25 厘米左右。果皮墨绿色,光滑无茸毛,无棱沟或布浅棱沟。耐贮运。单果重 13～20 千克。一般每 667 平方米产量 4 500 千克以上。

⑨ 蓉抗 2 号冬瓜　由四川省成都市第一农业科学研究所育成的一代杂种。植株粗壮,分枝性强。叶片掌状五角形,浅裂,深绿色。第一雌花着生于主蔓第十六至第十七叶节,以后每隔 5～6 节又出现 1 朵雌花。果实长圆柱状,果皮绿色,具茸毛,老熟瓜皮上蜡粉多,瓜肉厚,白色,内腔小,品质好。瓜两端略下凹,单瓜重 10～15 千克。抗枯萎病、丰产性和商品性均好。

⑩ 丰南一条蔓冬瓜　河北省丰南县地方品种。植株生长势旺盛,叶掌状五角形,主蔓第十三叶节左右着生第一朵雌花。花为单性。瓜长圆筒形,横断面圆形,瓜皮浅绿色,被白色茸毛。老熟瓜蜡粉多,果肉厚 4.8 厘米左右,白色,品质较佳。单瓜重 10 千克左右,大的可达 15 千克。耐热,耐贮运,抗病性

强。

⑪常山白粉冬瓜 浙江省常山县农家品种。植株生长势中等,分枝性强,叶五角心脏形,主侧蔓均能结瓜。第一雌花着生在主蔓第九至第十一叶节上,以后每隔2～4节再现雌花,花单性。瓜为长圆筒形,横切面扁圆形,老嫩瓜均可供食。嫩瓜淡绿色,密生茸毛,有不明显白斑。老熟瓜被厚白粉,茸毛常消失,瓜肉白色,厚4厘米左右,肉质粉,品质中上。单瓜重10～15千克。中熟高产。抗病性和抗高温性较强,不易发生日灼病。老熟瓜耐贮运。商品性好。

⑫贵州圆桶冬瓜 贵州省地方品种。植株生长势强,分枝多,叶掌状五角形,主侧蔓均可结瓜。第一朵雌花着生在第十五叶节左右。瓜呈短圆筒形,横切面近圆形,纵径30～40厘米,横径20～30厘米,瓜皮灰绿色,茸毛稀,蜡粉多。果肉厚、白色,肉质致密,味甜,品质好。单瓜重10～15千克。抗性强,适应性广。老熟瓜耐贮运。

⑬泸县粉皮冬瓜 四川省泸县地方品种。植株生长势旺,分枝性中等,叶片五角心脏形,浅裂,绿色。第一朵雌花着生于主蔓第十叶节上,以后间隔7～8节又出现雌花。瓜为长圆筒形,外皮绿色,无花斑,蜡粉中等,瓜脐平整。瓜肉厚5～6厘米、白色,肉质较软,味微甜,品质好。单瓜重10～15千克。耐热耐湿。不抗枯萎病。

(3)晚熟类型品种

①枕头冬瓜 北京地区农家品种,以平谷县一带栽培较多。植株蔓生,生长势强,叶片肥大浓绿,耐热性强。第一朵雌花发生在主蔓第十五至第二十五叶节,以后每隔3～4叶节再着生第二、第三、第四朵雌花。瓜型大,每株留1个瓜。瓜长圆柱形,老熟时果上被有白色蜡粉。一般单瓜重10～15千克,最

大的可达40～50千克。

②大青皮冬瓜 广东省广州地区农家品种。植株蔓生,生长势强,叶掌状,肥大,深绿色。主蔓以在第二十三至第三十五叶节结瓜为宜,第一朵雌花发生在第十八至第二十二叶节,以后每隔4～5叶节再着生1朵雌花,有时连续发生两朵雌花。为长圆柱形,顶部钝圆,一般长40～60厘米,横径20～28厘米,瓜肉厚5～6厘米,皮青绿色,无蜡粉。瓜肉白色,组织充实,肉质较致密,含水较多,味清淡,柔滑。较抗疫病,易得日烧病。一般单瓜重10～20千克,大的可达50千克。

③湖南粉皮冬瓜 湖南省株洲地区农家品种。植株蔓生,生长势强,雌雄同株,第一朵雌花发生于主蔓第二十四至第二十六叶节,此后每隔5～6叶节又着生1朵雌花。植株耐热,耐肥,抗病,不耐涝。瓜大,耐贮运。瓜为长圆柱形,顶部略下凹,一般瓜长80～90厘米,横径35～40厘米。皮青绿色,布满点状条纹和白色花斑,有瘤状突起和棱状沟线,并有稀疏的白色刺毛。果肉厚9厘米左右,白色,肉质致密,含水少,品质优良。一般单瓜重20～40千克,大的重达80千克。

④白皮冬瓜 福建省南平市地方农家品种。植株蔓生,生长势中等,分枝性中等,叶掌状,五角形。每株留一主蔓一侧蔓,各结1个瓜。瓜为长圆柱形,略呈三角状,一般长70～80厘米,横径25～30厘米。皮绿色,平滑,并具有深绿色斑点,满被稀疏刺毛和白色蜡粉。瓜肉白色,含水较多,味淡,肉质松软,品质中等。一般单瓜重10～15千克。

⑤融安青皮冬瓜 广西壮族自治区融安县农家品种。植株蔓生,分枝力强,生长势强。叶掌状,浅裂。第一朵雌花发生于主蔓第十二至第十八叶节,以后每隔4～5叶节又着生1朵雌花。瓜为长圆柱形,一般长60～100厘米,横径25～30厘米,

皮青绿色,无蜡粉,果肉厚6～8厘米,白色,肉质较致密,品质中上。耐贮运。易患日烧病。单瓜重一般20～25千克,最大的可达40千克左右。

⑥扬子洲冬瓜　江西省南昌地区农家品种。植株蔓生,分枝力强,生长势中等。叶片心脏形,深绿色,叶缘浅裂。主蔓结瓜,行单蔓整枝。植株耐热、耐肥,抗病能力强。第一朵雌花发生于主蔓第十四至第十六叶节。瓜长圆柱形,一般长100厘米左右,横径35～45厘米,皮淡绿色,表面被有较浓重的白色蜡粉。瓜肉白色,肉厚7～9厘米,含水分多,肉质较疏松,品质优良。一般单瓜重25～50千克。

⑦玉林石(冬)瓜　广西壮族自治区玉林市地方品种,在该地区已有200多年的栽培历史,因瓜肥大、高产、优质而闻名。适宜在高湿、高温、短日照环境下生长发育。植株生长势旺盛,分枝力强,主蔓粗一般为1～1.3厘米,茸毛密而坚硬,叶大,掌状,深绿色,一般长20～25厘米,宽25～30厘米,叶缘略卷曲。主蔓上第九叶节开始出现雌花,以后每隔5～7叶节又出现雌花,侧蔓上在第五叶节出现雌花。通常在第十五至第十八叶节处留瓜。瓜幼嫩时密布白色茸毛,成熟后茸毛脱落,有白色斑点,无蜡粉,瓜皮深绿色。种子黄褐色,瓜肉白色,肉厚、味甘甜。炒、烧、煮汤皆宜,也适宜加工冬瓜糖,为优质原料。一般老熟瓜长1米左右,最长的可达1.3米以上。单瓜重10～15千克,最重的可达25千克以上。一般每667平方米产量4 000～5 000千克,最高的可达7 500千克。

⑧青杂1号　由湖南省长沙市蔬菜所育成的一代杂种。植株生长势强,第一朵雌花着生在主蔓第二十至第二十二节,两雌花间隔6～7节。瓜呈圆柱形,嫩瓜皮深绿色,表皮光滑,被茸毛,肉厚,质地致密,空腔小,商品性好,品质佳。耐压,抗

震,耐贮运。抗病,适应性广。比青皮冬瓜增产40%～60%,一般每667平方米产量6 000千克左右,最高的可达12 000千克。

⑨金水1号冬瓜　江西省金溪县农家品种。植株生长势旺,分枝力强,叶掌状,浅锯齿5裂。主侧蔓结瓜。第一朵雌花着生于主蔓第十至第十二叶节上。花单性,瓜长圆筒形,横截面圆形。果皮绿白色,无斑纹,茸毛白色,老熟瓜蜡粉多,瓜肉厚10～13厘米,白色,肉质致密,口感淡,商品瓜水分多,品质好。单瓜重80千克左右,最大的可达125千克。耐热性强,抗枯萎病,耐肥。耐贮运性中等。适宜棚架栽培。

⑩宁化爬地冬瓜　福建省宁化县地方品种。植株生长势中等,分枝力强。叶掌状五角形,主侧蔓均可结瓜。第一朵雌花着生于主蔓第九叶节上,花两性。瓜长圆筒形,一般纵径50～55厘米,横径30～35厘米,瓜皮深绿色,瓜面有黄绿色点状斑纹,且有白色茸毛,被蜡粉。瓜肉厚4.5厘米左右,白色,水分多,肉质致密,口感味微甜,品质好。单瓜重23～35千克。较抗霜霉病和病毒病。耐热。耐贮运。晚熟高产。适宜爬地栽培,支架栽培更好。

⑪西藏冬瓜　西藏自治区地方品种。植株生长旺盛,分枝力强,子蔓、孙蔓均可结瓜,叶片掌状七角形,绿色。瓜短圆筒形,纵径一般在40～55厘米,横径30～40厘米。瓜皮被白色蜡粉,瓜肉厚在7～10厘米,白色,致密,纤维少,品质佳。单果重15～25千克。晚熟,抗热,喜肥。病虫害较少。耐贮运。

⑫上海大青冬瓜　上海市农家品种。植株生长势强,叶掌状,主蔓、侧蔓均可结瓜,第一雌花着生于主蔓第十二至第十六叶节,以后每隔4～8叶节再生1朵雌花。瓜长椭圆形,一般纵径50～64厘米,横径28～36厘米。瓜皮深绿色,无蜡粉。瓜肉厚,白色,肉质较致密,品质佳。单瓜重15～20千克。抗逆性

强,耐热,喜肥,不耐日灼病。适宜露地栽培。

⑬龙泉冬瓜 湖南省株洲市地方品种。植株生长势旺,分株性强,叶片掌状五角形,深绿色,第一朵雌花着生于主蔓第十八至第二十三叶节上。瓜长圆筒形,一般纵径72厘米左右,横径约34厘米,果皮深绿色,有茸毛。瓜肉厚达7厘米,白色,肉质松软,水分多,品质较好。单瓜重20千克左右,最大的达50千克。耐热,耐肥,耐湿,较抗病。不耐贮运。

3. 栽培方式

我国地域辽阔,南北、东西间的土壤、气候等差异很大,但均可因地制宜地栽培冬瓜。其育苗方式、栽培季节有所不同(表1-1)。按照冬瓜占用耕地的情况,可分为春白地冬瓜、接茬(前茬或后茬)冬瓜和间(套)作冬瓜。按冬瓜熟性,或生育期长短不同,可分为早熟冬瓜、中熟冬瓜、晚熟冬瓜。按冬瓜生产所需设备不同,可分为露地栽培和保护地栽培两种方式。露地栽培包括地爬冬瓜、棚架冬瓜和支架冬瓜。保护地栽培包括地膜覆盖栽培、塑料薄膜拱棚(大、中、小)覆盖栽培和温室栽培等。其中以露地栽培为主,因为露地栽培具有充分利用自然温、光、热等优越条件,投入的成本低而收获的产量高,品质好,效益高等优点。

表1-1 我国部分地区冬瓜的栽培方式

地区代表城市	育苗方式	播种期(月/旬)	定植期(月/旬)	收获期(月/旬)
北　京	阳畦育苗	3月中～4月中	5月份	7～8月
北　京	露地直播	5月上	—	7～8月
哈尔滨	保护地育苗	4月下	5月下～6月上	8～9月
西　安	保护地育苗	3月中～4月中	4月下～5月下	7～9月
南　京	温床育苗	2月下～3月中	3月下～4月中	7～9月

地区代表城市	育苗方式	播种期 (月/旬)	定植期 (月/旬)	收获期 (月/旬)
南 京	露地直播	4月上	—	7～9月
成 都	冷床育苗	3月上	4月上	6～7月
长 沙	早冬瓜冷床育苗	3月上	4月份	6月中～7月
长 沙	中熟冬瓜露地直播	4月上	—	7～8月
长 沙	晚熟冬瓜露地直播	4月上～6月上	—	7～9月
广 州	春冬瓜直播或育苗	2月上～3月上	3月上～4月上	6～7月
广 州	夏冬瓜直播	4～5月	—	7～8月
广 州	秋冬瓜直播	6月	—	9～10月
成 都	露地育苗	3月下	4月中下旬	7月下～9月上

在露地栽培诸方式中，又各具有其优点，各地采用时可根据所用品种、现有设备材料、消费者爱好习惯和气候条件等，因地制宜采用各自的栽培方式，以提高栽培效果，增加经济效益。

(1)地爬冬瓜 冬瓜植株爬地生长，株行距较稀，管理比较粗放，茎蔓基本上放任生长，或结瓜前期摘除侧蔓，结瓜后任其生长，瓜在地面上生长。投入劳力少，不费料，成本低，但不利于间套种，不利于技术作业，光能利用率低，结果大小不均匀。通风差，容易孳生病虫害，单位面积产量较低，经济效益稍差。

(2)棚架冬瓜 一般多用竹木搭棚，棚高1～2米，植株在上棚以前及时摘除侧枝，上棚后茎蔓放任生长。棚架冬瓜的通风透光比地爬冬瓜好，有利于坐瓜和瓜的生长发育，瓜大多为吊着或半着地生长,大小比较均匀,单位面积产量比地爬冬瓜高,但棚架冬瓜基本上仍是利用平面面积,不利于密植,一般只能在瓜蔓上棚前进行间作套种,不能充分利用空间,且搭棚所需竹木材料多,成本高,影响效益的提高,在竹木贫乏的地区不宜采用。

(3)支架冬瓜 架的形式多种多样,各地可根据支架材料插成单根支架、人字架、三脚架、四脚架、篱架等。所用材料比棚架少而小,成本较低。架材与植株配合调整,可合理密植,较充分地利用立体空间,也可提高坐瓜率,并使瓜大小均匀,提高单位面积产量和瓜的质量,也有利于间作套种,增加复种指数,提高土地利用率。当前应用比较普遍,效益也比较好。

4. 茬口安排

冬瓜生产一般安排在无霜的春末夏初栽培,秋季收获,旺盛的生长结瓜期正值高温的夏季。我国各地季节差异较大,生长时期亦不相同。现以北京为例,根据冬瓜的生育期长短安排其播种、定植、收获期(表1-2)。在北京以北或以西地区,各期约比北京后延15~30天;在北京以南或以东地区,各期约比北京提前15~30天。

表1-2 冬瓜茬口参考表

品　　种	播种期	定植期	收获期	接　茬
早熟冬瓜	3月上中旬	4月底至5月上旬	6月下旬至7月底	秋萝卜类
中熟冬瓜	3月下旬	5月中下旬	7月下旬至8月上旬	秋茬叶菜类
晚熟冬瓜	4月下旬至5月中旬	5月下旬至6月中旬	8月中下旬至10月上旬	越冬根茬菜类

冬瓜与黄瓜、南瓜、丝瓜等瓜类同属于葫芦科,其病害可互相侵染,土壤病害(如枯萎病等)比植株上的真菌性病害更为严重,许多瓜类的病原菌在土壤中一般可存活四五年之久。为避免枯萎病、蔓枯病、疫病等土壤病害的威胁,防治的主要办法就是不与其他瓜类作物重茬,严格实行5年以上的轮作制度。可与粮食作物轮作,也可与蔬菜作物轮作(表1-3)。轮作不仅对减轻病害有好处,且对土壤肥力的调节互补,促进增产,也有明显效果。

表1-3 冬瓜轮作参考表

年 份	春夏茬	秋 茬
第一年	冬 瓜	大白菜类
第二年	茄果类	萝卜类
第三年	粮食作物(如小麦等)	胡萝卜类
第四年	豆 类	秋甘蓝类或绿叶菜类
第五年	甘蓝类	秋菜豆或芥菜类
第六年	冬 瓜	粮食作物

5. 间作套种

冬瓜的茎蔓较长,叶片肥大,属于缠绕性攀缘植物。生育期在100天左右。栽培的行株距较大,多数为立架栽培,少数为爬地栽培。作为立架栽培,往往高出地面1~1.5米,行间空隙较多。冬瓜是一种很有潜力的立体栽培作物,只要合理地间作套种,就可取得立体栽培的效益。所谓合理,就是作物间的高矮搭配适当,不同生育期前后衔接得当,叶片面积上、中、下层分布适当,温、光、水、肥、气等因素能互相调节、补充,利用适当。以北京地区为主的比较合理的间作套种组合有以下几种。

（1）架冬瓜套种甘蓝类（结球甘蓝、花椰菜、茎蓝）　架冬瓜于3月下旬育苗,5月上旬栽植;甘蓝类于头年12月下旬至翌年1月上旬育苗,3月下旬栽植。

（2）架冬瓜套种绿叶菜类（油菜、茼蒿、茴香、香菜）　架冬瓜于4月下旬至5月上旬栽植;绿叶菜类3月份播种或栽植。

（3）架冬瓜套种芹菜或莴笋　架冬瓜于4月下旬至5月上旬栽植;芹菜或莴笋头年10月育苗,翌年3月下旬栽植。

（4）架冬瓜间作韭菜　架冬瓜于5月栽于韭菜畦埂上。

（5）架冬瓜套种洋葱　架冬瓜于4月下旬至5月上旬栽植;洋葱于头年10月育苗,翌年3月上中旬栽植。

（6）架冬瓜套种水沟葱　架冬瓜于4月下旬至5月上旬栽植;水沟葱于头年9月育苗,翌年3月下旬至4月上旬栽植。

（7）架冬瓜间作矮生菜豆　架冬瓜于4月下旬至5月上旬栽植;矮生菜豆于4月中下旬直播或栽苗（提前10～20天育苗）。

（8）架冬瓜间作生姜　架冬瓜于4月下旬至5月上旬栽在畦埂上;生姜于4月份催芽,5月上旬栽在行间。

（9）地冬瓜间作茄果类（甜椒、茄子、番茄）　地冬瓜于4月下旬至5月上旬栽植;茄果类于2月育苗,4月下旬至5月上旬栽植。

（10）地冬瓜间作架（菜）豆或豇豆　地冬瓜于4月下旬至5月上旬栽植;架豆等5月份直播或栽苗（提前15～20天育苗）。

(四)冬瓜无公害栽培的注意事项

在进行冬瓜的优质高产栽培时,生产者不仅要了解冬瓜的生物学特性、栽培季节和茬口的选择与合理安排,根据当地实际条件和市场需求选择优良品种,同时还要注意采取冬瓜无公害栽培的技术。

首先,栽培无公害的冬瓜要选择在生态条件良好,远离污染源,并具有可持续生产能力的农业生产区域。环境标准,也即栽培冬瓜的空气、灌溉水质、土壤环境都要符合国家农业行业标准(NY 5010—2002)的规定。空气中总悬浮颗粒物、二氧化硫、氮氧化物、氟化物;水质中的酸碱度、重金属、氰化物、石油类物质、粪/大肠菌群;土壤中重金属的含量均不得超过国家规定的标准。需注意的是,冬瓜产地的土壤环境除注意检测环境质量标准外,还应注意选择质地疏松、有机质含量高的砂壤土或轻壤土。土壤的保水、供水、供氧能力强。当土壤的固相占40%、气相占28%、液相占32%时,对根系发育健壮,增强植株的吸肥、抗病能力十分有益。同时要注意土壤具有的稳温性,温度变化比较平稳。土壤温度状况除了对冬瓜根系发育有直接影响外,它还是土壤生物化学作用的推动力,可促进土壤微生物的活动、土壤养分的吸收和释放。

其次,在栽培无公害冬瓜时,对于农药污染、化肥污染、工业"三废"污染和病原微生物污染要特别注意。在喷洒农药时,部分农药微粒会飘浮在大气中或被大气中的尘埃吸附,大气中的农药经雨雪溶解或冲淋,将会造成对蔬菜的污染。农药还可对水体、土壤造成污染,不同类型的农药在土壤中分解速度不一样,特别是分解速度不但不一样,而且有机磷、有机氮的分解速度也十分缓慢。化学肥料的不当施用，也会造成污染，特别是大量施用氮素肥料，会引起植物体内硝酸盐的大量累积，同时也会造成对地下水源的污染。由于工业"三废"对大气、水体、土壤的污染会使冬瓜叶片、根系出现黄化、坏死斑、畸形等不良症状，严重时可使植株生长受阻直至死亡。未经处理的食品工业污水、医院污水和生活污水以及未腐熟的粪肥，常携带有大量的致病微生物，如用于菜田灌溉和施用，可造成病原微生物对冬瓜的污染。

在无公害冬瓜生产的具体技术上，要特别注意以下三个方面。

第一，在选用优良品种的基础上，特别要注意采用配套的科学的栽培技术。因为只有这样才能充分发挥优良品种的特性，提高植株本身的抗逆能力，减少施用化学肥料和农药所带来的各种弊端。

第二，为了获得优质高产的冬瓜产品，要推行有机肥和无机肥的配合施用。在力所能及的条件下，施用优质腐熟的有机肥，同时要进行有机肥的无害化处理。在施用化学肥料时，应该严格控制氮肥的施用量，实行氮、磷、钾肥的合理搭配，采用配方施肥技术，既要保证冬瓜产品的卫生质量，又要力争较高产量，降低生产成本。

第三，虽然冬瓜的病虫害危害相对于黄瓜来说较轻，但由于种植面积扩大，连年重茬栽培以及保护地栽培的发展，冬瓜病虫害也有加重的趋势。因此，要注意采用农业措施、生物措施、化控措施，在严格禁止使用高毒、高残留的化学农药的同时，利用农业防治和化学防治相结合，在对病虫害正确测报的基础上，严格掌握不同病虫的防治适期，控制各种化学农药的使用剂量和安全间隔期等措施，用较少的投入，把病虫害控制在允许的经济阈值以下。

第四,无公害冬瓜的生产观念,要贯彻在冬瓜的产前、产中和产后的各个环节之中,不仅要考虑到冬瓜种植的大气、土壤、灌溉水质的情况,在选用品种、茬口安排、种子处理、培育壮苗、田间管理、植株调整和病虫害防治诸环节中重视采取无公害栽培措施,同时还要注意收获方法、贮藏运输和销售供应中都能达到无公害的要求。

(五)冬瓜栽培技术

1. 露地支架冬瓜

(1)品种选择 作为露地支架栽培的冬瓜,应注意选择生长势强,茎粗叶大,耐热、耐涝、耐旱、耐肥、抗病性强的晚熟或中熟大果型品种。品种的选用见前述的品种介绍。

(2)播种育苗 冬瓜可直播,也可育苗移栽,育苗可集中提早播种,培育成壮苗,能提早成熟上市供应。一般早熟冬瓜或接茬冬瓜,必须育苗。育苗分为保护地育苗和露地育苗两种。中、晚熟冬瓜或空白地冬瓜可以直播。

保护地育苗包括阳畦(温床、冷床)育苗、塑料薄膜覆盖(大、中、小棚)育苗、温室(日光和加温)育苗、电热畦育苗等。各地区可根据现有设备、资金、品种、栽培目的、供应时间等选择适宜的育苗方式。冬瓜为喜高温蔬菜,采用电热畦育苗技术在寒冷的早春季节可以培育成两批壮苗。第一批为茄子、青椒、番茄、黄瓜、早熟冬瓜苗,供保护地栽培。具体安排为:2月下旬黄瓜、早熟冬瓜播种,茄果类分苗(茄子、青椒、番茄1月中下旬播种,培育成2叶1心时分苗),3月下旬成苗,保护地定植。第一批苗出土后,接着播种第二批苗即晚熟冬瓜,到4

月下旬至5月初成苗,定植于露地。

在保护地内培育冬瓜苗,首先要解决提高地温的问题。一般除采用酿热物发酵提高地温外,采用电热畦育苗也是很好的方法。下面着重介绍电热畦育苗技术。

①电热畦育苗的概念和所需设备 电热畦育苗,就是在普通育苗畦表土下面10厘米左右深处,或在塑料苗钵育苗表土下2厘米深处埋入电热线,直接增加地温。这种由人工创造的适宜、安全可靠的生态环境,再配合上其他相适应的设施和技术,即为电热畦育苗技术。其中心技术措施可归纳为六句话:一是选用正在发展中的塑料大(中)棚或日光温室作为育苗场所;二是应用就地取材的肥沃疏松园土加入适量农家肥料作为育苗基质;三是采用已经商品化生产的电热线,直接埋入畦下增加地温;四是用控温仪进行自动控制,达到最适宜地温的低限;五是在管理技术上实施"控温不控水","先催后控",实行以利用太阳能为主、电热加温为辅的管理原则;六是达到低成本、高效、快速地培养壮苗和增产增收的目的。电热畦育苗需要的基本设备有电热线、控温仪、交流接触器和控温台等。

②电热畦的铺线方法 为了节约用工,减少不必要的重复劳动,在做电热畦铺埋电热线时,应按下述要求进行:一是选好建造或修理育苗的场所,如塑料大棚、中棚、日光温室等,并进行土地翻耕,耙平整细,装接水源、电源等。二是根据播种或分苗的实际需要,按每平方米80～120瓦功率,做成长方形的普通育苗畦。三是在普通育苗畦上撒施约3厘米厚的经过腐熟过筛的农家肥,或将比例为3∶7或4∶6的粪土装在塑料苗钵内,码放在电热畦上。四是把粪肥和畦土取出约10厘米,放到畦旁,同时将畦整平,然后在上面铺埋电热线。也可做好

铺线板备用。五是铺埋电热线时以3人为一组,两头各1人负责挂线,中间1人来回放线,线的松紧要适宜,电热线的两个引线接头应注意留在同一畦头上,以便接线。铺线时注意畦两边散热多而快,要铺得密些,畦中部散热慢,铺得稀些(图1-1)。六是铺好线埋土时,先在每隔2~3米处,小心横压一道土,把线基本固定,再顺着与线平行方向撒一层土,厚约2厘米。在撒土过程中防止电热线移位相碰,埋土到畦两头时,小

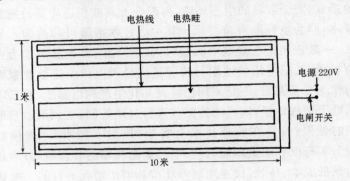

图1-1 电热畦示意图

心地一边拔去小桩子一边埋土,把所有的线都理顺埋好。七是全部电热线都埋好后,把畦面稍微耙平踩实,再撒上一层草木灰作为切坨起苗时保护电热线的标记,或撒其他有色的炉灰、白灰也可以。八是把原来取出的土和肥全部复原,把粪、土掺匀。如果采用塑料苗钵育苗,则将此塑料苗钵码放在畦面上。九是将肥土复原的畦面整平,畦埂理好,电热畦即完成。十是使用电热线时,必须严格按照有关技术规定操作,注意安全,防止事故。

③电热线与国家电网连接的方法 电热畦铺好后,就可以接通电源,并与国家电网相连。电源电压有220伏和380伏

的,但每一根电热线所用的电压,都是220伏。电热线与控温仪配套使用时,一般控温仪的负载容量为10安培(A),在这个允许的范围内,电热线的一头可直接接在控温仪的接线柱上,另一头接在零线(又叫地线)上。如果超过控温仪的负载容量范围,必须通过交流接触器来扩大容量,再用控温仪来控制交流接触器,起到加热和控温的作用。电热线使用的电和导线与普通电灯用的一样,也必须与国家电网相通。国家电网一般以数百万伏的高压输送,必须通过变压器降到380伏或220伏以下才能使用。连接时,变压器的3个上触点与国家电网的3根高压火线相接通,从变压器的另一端引出3根火线和1根地线,其中任何一根火线对零线的电压均为220伏,称单相电。火线与火线之间的电压为380伏。3根火线对零线叫做三相电。从变压器引出的3根火线和1根零线构成三相四线制,可以任意通到用电场所。电热畦育苗时,也必须把4根线引到育苗棚的旁边,然后将3根火线先通过空气开关或三相闸刀(零线不通过)再分别引接交流接触器的3个上触点上,3个下触点分别连接在电热线的任何一个组。接线时,不管使用多少根电热线,需把全部电热线的一头引线分成3个组(最好平均分配),每个组分别接在交流接触器的1个下触点上,而全部电热线的另一头引线(又叫尾线),都接在零线上,称为多线接法(图1-2)。也有人称之为星(y)形接法。而这根零线不通过交流接触器,直接与电源变压器相通。控温仪接在交流接触器的副接触点上,一般用220伏单相电路相接。如果是科技组(户)或育苗专业户使用电热线,其加温面积不大,只使用1~2根电热线,且不超过控温仪的负载容量,则可不必通过交流接触器,也不必接引出3根火线,只从变压器那里接出1根火线1根零线,引到育苗场所旁边就行。引出这两根线先接在单相闸

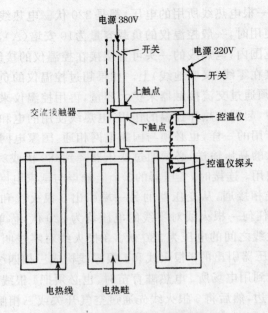

电源380V

开关

电源220V

开关

上触点

交流接触器

下触点

控温仪

控温仪探头

电热线　电热畦

图1-2　多线接法示意图

刀的上触点上,下触点的1根火线与控温仪背(侧)面的一个输入接线柱相接,另一个输出接线柱则连接电热线的一个头的引线,电热线的另一个头引线与单相闸刀上的零线相接,这称为单线接法(图1-3)。

④安装使用电热线时应注意的事项　电热线大多是合金导体,在使用加温时所通过的电压约为220伏,虽线外有塑料护层,但仍潜伏着危险,所以,在安装使用时,要严格注意下列事项:第一,每根电热线应该接入规定的电压(220伏)下使用,在单相电路中必须用并联,在三相电路中或根数为3的倍数时,可按三相四线制星(y)形接法,禁止用△形(串联)接法,力求接成三相对称负载方式使用。第二,每根电热线都有规定

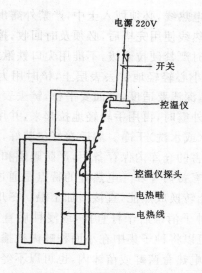

电源 220V

开关

控温仪

控温仪探头

电热毗

电热线

图 1-3 单线接法示意图

的长度,具有确定的电阻值,接入国家电网有规定的电流和加热功率,所以严禁自行剪短或接长后仍按原电热线使用。第三,干活时使用铁锹、锄头、花铲等劳动工具时,要注意防止切断或划破电热线的塑料绝缘保护层。如果万一不小心划破了保护层,必须用绝缘胶布包好再用;如果切断了绝不允许简单绞接使用,必须经过良好的接头焊接和绝缘包装后再用。第四,铺线时,每根线之间切勿相互交叉、重叠、接触使用,更不准未打开或只铺少许后整盘通电,以免发生粘连或烧毁。第五,铺线时必须一手抓紧线盘,一手慢慢放线,并注意拉直理顺,切忌撒手放线,造成整盘大乱,形成小死结、小弯圈,再拉直则造成塑料保护层扭裂或漏电,要理顺非常困难,也影响电热线的使用寿命,甚至发生危险。第六,电热线的接头(与引线处)必须接牢固并包严,最好是焊接后用绝缘胶封死。在两端靠引线的一段电热线,必须埋入土中,严禁外露出地面或空气中。第七,当电热线使用完毕后,必须及时回收,擦洗干净后妥善保管。回收时严禁硬拉硬拔,不准用尖口铁锹或镐头猛挖,应先用平口锹小心轻轻地铲去表层土,铲时用力的方向要与线的方向平行,深浅要适度,锹面要平稳,铲去表层土,使线隐约有少量间断外露时,再用手轻轻地拉起来,并用湿布将线表面的泥土擦拭(或水洗)干净。然后卷好包装好,放于阴凉、通风、干燥、无鼠害的仓库内保存备用,严防曝晒和火烤。

　　⑤电热畦育苗的管理　　电热畦的特点是通过电热线的作用,迅速把电能转换成热能,直接增加土温。冬瓜在电热畦中育苗,可以将种子消毒后干籽直播,或浸种后直播,也可催出芽后播种。还可以将种子集中在小面积畦内撒播,待两个子叶展开后分苗到电热育苗畦或苗钵内,也可以不经分苗,直接播种在地苗畦或苗钵内。不管是播种后或是分苗后,畦上都要加盖简易小拱棚,通电加温。地温控制在30℃左右,昼夜恒温,以利于出苗或缓苗。出苗后(或缓苗后)逐步降温,以利于培养成壮苗,当第一片真叶开始显露时,土温白天控制在20℃~25℃,夜晚控制在17℃~20℃,昼夜气温均为棚内的自然温度。在一般情况下,除晴天中午外,每天有较长时间是地温高于气温,有利于根的发展和叶面积的增大,又可抑制茎蔓徒长,到长成3叶1心时,即可定植。定植前1周左右逐步降温直至完全停电炼苗。在水分管理上,应注意到电热畦的土温较高、气温较低,土壤水分蒸发快,失水多;另一方面,瓜苗根系很发达,吸收能力很强,耗水多,加上叶面积大,蒸腾量大,总耗水量很大。因此,其浇水次数和浇水量应比阳畦和温室育苗多,但要防止出现因浇水而降低地温,造成沤根死苗的现象。根据需要,随时可浇水,不受天气的限制,总的原则是"控温不

控水,先催后控"。炼苗阶段完全停止浇水。由于电热畦用的培养土营养丰富,一般不会缺肥。为培育壮苗,可用0.2%～0.4%的磷酸二氢钾溶液喷洒叶面2～3次。如果冬瓜苗叶色黄绿,也可加入0.3%的尿素一起喷。电热畦育成的冬瓜苗,根系发达,叶面积大,显得较娇嫩,必须在定植前7～10天进行幼苗锻炼。其做法是,先浇1次透水,然后切坨(地苗),每个坨切成6～8厘米见方的土块,切坨搬动位置时,注意码严实、整齐,苗周围要用细土封严。切坨后1～2天内仍加地温,控制在20℃～25℃,这样有利于切断的根或受伤的根系尽快愈合并开始生长,然后停电炼苗。在炼苗期间,应加强太阳光照,棚内气温白天升高到30℃左右,晚上降低到自然温度,由于昼夜温差大,有利于光合作用产物的积累,经1周左右的炼苗,植株叶色深绿,叶片肥厚,茎蔓变粗壮,抗寒抗逆能力大大提高,定植后缓苗快,生长健壮。

(3)田间定植 当冬瓜苗长成3叶1心或4叶1心时,北京地区4月下旬晚霜期已结束,即可定植。一般早熟或中熟栽培的应选择在春白地定植。作为晚冬瓜栽培的,大多选择接茬地于5月上旬定植。定植前先整地做畦,一般栽培冬瓜的畦式有高畦(高垄)、平畦和沟(低)畦3种,这3种畦式各有优缺点,其中以高畦使用广泛,因其高出地面,土层深厚,同时有较大的受光面积,有利于早春提高地温和根群的生长发育及雨季排涝,旱季浇水;在冬瓜生长期间,可有效地减轻病害,防止烂瓜,以提高产量和质量。高畦的做法是:先在已平整好的地块上,按行距要求画线,顺线开沟,沟深13～17厘米,然后在沟内撒施腐熟农家肥,每沟施5千克左右,再将沟左右两侧的土盖在肥料上,并培成半圆的高畦,垄高为23～27厘米,两垄间距为1米左右。如双行定植,可在垄的两侧栽苗,适用于密植

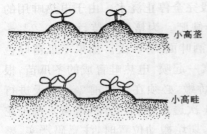

小高垄

小高畦

图1-4 高垄高畦示意图

中熟冬瓜栽培;如单行定植,可在垄顶正中栽苗,适用于中、晚熟冬瓜栽培(图1-4)。平畦的做法是:先在已平整好的地块上,按畦距1.5~1.6米画线,顺线起畦埂,在畦内撒施腐熟农家肥,并用锄、三齿耙等工具把肥与畦土掺匀,然后用平耙将畦面整平。平畦便于浇水,但排水困难,适用于干旱地区作早熟密植的小冬瓜栽培。其沟(低)畦的做法:先在已整好的地块上,按行距要求画线,顺线开沟,沟深15~20厘米,在沟内条施农家肥,注意将肥与沟土掺匀即可栽苗,栽完后适当培些土。幼苗直接栽在肥土上,新根一发生就与肥料接触,很易于吸收肥、水,有利于长根发棵,苗栽在沟底有避风防灾的作用。在雨季到来之前,可适当培成小高垄,抗旱排涝效果较好,此法适于栽培大型晚熟冬瓜。定植时要掌握合理的密度,应以能够充分利用光照与土壤营养为原则。根据不同品种和不同季节及不同栽培方式,进行合理密植,是获得高产的重要措施。其种植密度可参考表1-4。

表1-4 冬瓜合理密植参考表

栽培熟性	行距×株距(厘米)	每667米² 定植数(株)
早熟冬瓜	40×33	5500
中熟冬瓜	70~90×50~60	1400~1700
晚熟冬瓜	100×60~70	1000~1200

定植方法:根据株距要求,先挖定植穴,穴深8~10厘米,

定植的深度以埋没土坨为宜,要求不断茎、不裂叶、不散土坨。定植后即浇定根水,以利于促进缓苗。注意天气变化,做好防风、防晚霜等防灾害的准备。

(4)田间管理

①中耕培土 浇定根水后,往往地温下降,北京地区土层10厘米地温在16℃~19℃,远低于冬瓜根系生长所需要的最适温度(25℃),所以,要及时中耕松土,破碎板结土面,增强土壤透气性,以保墒和提高地温,促进缓苗和新根发生。中耕深度以不松动苗根部土坨为原则,近苗根部宜浅,划破表土即可;距离苗根部远的地方宜深,可达5~10厘米,行间还可深达10厘米以上。通过中耕松土,创造水分适宜、氧气充足、温暖肥沃的生态环境。在中耕松土过程中,不要伤根和折断茎叶,并适当在苗基部培土,厚度以埋到子叶节位为宜,有固苗抗风害的作用。

②引蔓与压蔓 冬瓜定植缓苗后,茎蔓不断伸长,叶面积不断增大,应根据不同品种雌花的发生节位和坐果位置,引蔓上架。在上架之前瓜蔓均在地面生长,通过人工引蔓,控制向同一方向生长,或在植株自己株距范围内环状引蔓。为了把茎蔓生长方向固定下来,必须结合压蔓引导,即在每株主蔓的生长点往后数第三、第四片真叶的茎节处,按需要的方向挖1个半圆形5~7厘米深的沟,把茎节和叶柄顺着盘入沟内,盖土压紧,农民称之为"盘条"。盘条时要摘除所有的侧蔓和卷须,并通过调整盘条弧度的大小调节茎蔓的长度,使茎蔓的生长整齐一致,有利于后期绑蔓上架等管理。盘条的作用在于促进节间发生不定根,扩大吸收水肥的营养面积,同时可固秧防风害,还可使茎叶均匀合理地分布,提高光照和土地利用率。

③立支架 在盘条后必须把支架立好。常用的支架大体

归纳为以下3种类型:一是三角(或四角)锥形支架。由3根或4根竹竿搭成下宽上尖的三角形或四角形架,一般高1.3~1.5米,每架1棵苗,有的在架上用横竹竿连贯固定。盘条后把瓜蔓均匀地盘旋引导上架。此架适用于定植单株距离较大、茎蔓较长的大型晚熟冬瓜品种采用。有的地方栽培早熟、小型冬瓜也采用较矮小的简易三角锥形支架。二是人字形篱垣架。为每株瓜苗用3根竹竿互相交叉编织成花篱,每2行花篱捆成一架,成为人字形架式,把瓜苗栽在架的两侧,采用"之"字形引蔓上架。此架式抗风能力较强,既适宜于大风较多的地区使用,也适宜于密植栽培的早、中熟冬瓜品种采用。三是棚架。每株瓜苗用2根竹竿,插在植株的北侧并编织成花篱架,稍向南倾斜,再在南侧撑1根竹竿,起防止倒伏的作用,使之成为半"人"字形棚架。每架只种1行冬瓜,采用"之"字形引蔓上架,通风采光好,病虫害发生较轻,对冬瓜的高产优质很有利,适宜于中、晚熟品种冬瓜单行稀植和结合间作套种采用。

④ 勤绑蔓　当主蔓经过压蔓后,再长出6~8片真叶时,蔓长50厘米左右,便引蔓上架。要使茎蔓按要求上架,必须绑蔓固定。一般绑蔓的位置与高度要求是:第一次先从南侧开始,在距离地面16~18厘米处绑一道。第二次绑在北侧距地面50厘米左右处。这样可使冬瓜的果实正好着生于两竹竿之间,生长前期是悬挂着生长,不与地面接触,既能避免地下害虫为害,又能避免浇水时感染病菌,不易烂瓜。第三次当瓜蔓已长到架顶时,再绑1次,把蔓固定在架顶上。绑蔓时要注意松紧适度,绑扎过松,容易使茎蔓滑脱而造成瓜下垂地面,或伤果实,断果柄。如绑扎过紧,又会妨碍茎蔓生长,轻者影响输送水分和养料,重者则会伤及茎蔓。在绑蔓的同时,要认真去掉多余的侧蔓和卷须,在第二次绑蔓时有的主蔓可以摘心,以

减少养分的消耗。

⑤及时进行植株调整 植株调整的内容包括:留蔓、整蔓打杈、疏花疏果、留果定瓜、摘心等。冬瓜主蔓潜伏的叶芽、花芽很多,在正常的气候和优良的营养条件下,可以萌发很多侧蔓,开放很多雌花和雄花,结很多的瓜,如果放任其生长,则往往出现茎叶丛生、花果脱落的现象。这就造成了植株的营养生长与生殖生长间的不协调,需要通过植株调整,以制约和协调好两者关系。其具体做法是:在苗期,要创造肥沃疏松、透气良好、地温适宜、水分充足的环境条件,培育成壮苗。在开花结果以前的营养生长期,要控制水分和氮肥,防止徒长或茎叶生长过旺,及时摘除所有侧蔓(侧蔓结果的品种除外)。在进入开花结果以后的生殖生长期,除注意摘除侧蔓外,在开花前进行疏花,一般是第一雌花出现后,从第二至第五个雌花间,选留形状周正、发育壮实、花柄粗大、子房完好、茸毛密、有光泽,符合该品种特征的雌花。其余的雌花和大部分雄花都疏去。选留雌花数:早熟品种为2~5朵,中熟品种3~6朵,晚熟品种2~3朵。当雌花开放并经过受精后,便坐住果,此时细胞迅速分裂与膨大,争夺养分更加剧烈,应及时选留子房发育快、个大、柄粗、位置最适当的幼果1~2个,其余幼果全部疏去,最后每株只留1个果实,让其充分发育膨大、老熟,菜农称这种做法为并瓜。如果采收嫩瓜上市,可根据需要适当多留花和瓜。并瓜后需摘心,控制茎蔓继续生长。不同品种、不同栽培方式摘心的适宜位置不同,在瓜前方的侧蔓均摘去,主蔓上仅留下数片叶后摘心。一般早熟品种留5~6片叶后摘心,中熟品种留8~10片叶后摘心,晚熟品种留10~15片叶后摘心,能控制有机营养的消耗,可集中满足果实发育膨大的需要。摘心后瓜不断增大加重,特别是大型冬瓜甚至可重达50千克,很容易发生

坠落或折伤茎蔓,应随时用麻绳、塑料绳、优质草绳等套住果柄或编制网套套住整个瓜,也可用长形的塑料网套住瓜,分别系吊在棚架或支柱上。吊瓜时必须系扎牢固,防止断柄碎瓜,造成损失。

⑥肥水管理　冬瓜是高产蔬菜,生长期长,需水、肥量多,必须科学合理地施用。

第一,基肥要施足。基肥一般以氮、磷、钾等比较丰富的农家肥为主,包括高温堆肥、牲畜圈肥、家禽粪肥、人粪干、棉籽饼、花生饼、豆饼等。在整地做畦时撒施或沟施,每667平方米施用量5 000千克左右。如果肥料少,也可穴施。施基肥时最好每667平方米同时施用过磷酸钙或磷矿粉100~200千克,肥效更好。

第二,分期合理追肥。冬瓜整个生育期都需要不同程度的追肥,并瓜后植株生长的重点转向果实,要及时追施催瓜肥,这次追肥是冬瓜高产的关键。可结合浇水追施尿素1次,每667平方米用量为15~20千克。坐瓜后可在植株旁挖5~8厘米的浅沟,条施饼肥1次,用量为每667平方米50千克左右。植株生长前期,一般气温较低,可结合浇水追施粪稀或人粪尿2~3次。在追施催瓜肥之后应根据瓜秧生长和土壤干旱情况,每隔15天左右追施化肥1次,每667平方米用量为10~15千克。下大雨前后不要追肥。最好是1次肥水1次清水相间施用,这样更有利于充分发挥肥效。

第三,分期合理浇水。冬瓜茎叶组织的含水量在80%~90%,一棵正常冬瓜植株的叶面积可达1万~2万平方厘米,其蒸腾作用很强,加上果实硕大,吸水多,致使其整个生育期需水量很大,必须通过分期合理的浇水来补给。定植后立即浇第一次水,使植株的根系与土壤密接,加速吸水缓苗。如果土壤过于干旱,或因大风、高温等影响出现土壤水分不足时,可接着再浇第二次水。待表土不黏时,进行中耕松土,保温保墒。此后如果土壤墒情合适,可不必浇水,进入蹲苗期即停止浇水。在正常条件下,蹲苗期为15～20天。茎叶营养生长时期:冬瓜植株经过缓苗后,根群已恢复生长并发生大量新根,茎叶节端已分化出许多小叶原基,有的开始萌发小侧芽,此时应结合引蔓、压蔓浇1次透水,菜农称之为"催秧水",以促使茎蔓伸长和叶面积扩展。浇水后要及时进行第二次或第三次中耕,以防止植株过分疯长。开花期一般不浇水或少浇水,避免"化瓜",或者造成雌花着生节位上移。在雌花经过开花受精后,当瓜重达0.5～1千克时,瓜柄自然下垂呈弯脖状,此时,应及时浇催瓜水,浇水可结合追肥进行。瓜旺盛膨大时期,瓜发育膨大很快,是冬瓜植株需水、肥最多的时期,也是决定产量高低的关键时期。此时期应根据具体情况浇水。在雨季,如雨量适中,可不必浇水;如雨量大或暴雨多,高温、高湿,病害较重,必须注意排涝;如久旱无雨,土壤干旱,气温、土温均高,烈日强光,傍晚时植株叶片边缘或茎生长点发软、萎蔫,甚至下垂,必须及时浇水,时间最好在傍晚或早上,以避免中午烈日曝晒、田间高温闷热、水分蒸腾强烈而造成烂瓜、病秧。瓜成熟时期一般需水肥很少,管理上以排涝、防病、治虫为重点。若土壤干旱,土壤相对湿度在70%以下时,需适当浇水。收获前7～10天应停止浇水,以降低土壤湿度,增加冬瓜的紧实度,以提高耐贮和耐运输性能。

(5)**收获** 通常冬瓜收获分嫩瓜收获和老熟瓜收获两种。一般早熟品种和部分中熟品种,先采收嫩瓜上市,最后收获老熟瓜,可入库贮藏,延长供应期。大部分中熟品种和晚熟品种,均收获老熟瓜。嫩瓜采收没有明确的标准,长到一定大小即可采收上市。老熟瓜的标准则比较严格,需充分成熟才能收获,特别是贮藏用的冬瓜,必须达到生理成熟度(瓜内种子成熟)。从生育期上看,从开花授粉至果实生理成熟,中熟品种要45～55天,晚熟品种要50～60天。从瓜皮上看,青皮类型冬瓜皮上的茸毛逐渐减少、稀疏,瓜皮硬度增强,皮色由青绿色转为黄绿色或深绿色。粉皮类型冬瓜,成熟时瓜皮上明显出现白色粉状结晶体,菜农称之为"挂霜"。在正常情况下,挂霜经历3个阶段:首先是在果蒂周围出现白圈;随后进一步在整个果实表面形成一薄层白粉,称为挂"单霜";在挂单霜的基础上,最后白粉层逐渐加厚,显现纯白美观的厚粉霜,称为"挂满霜",表明已充分成熟。收获的时机以晴天露水干后为宜,雨天、雨后或阴湿天气不宜收获,尽可能避开高温烈日的中午收获。收获方法,以一手拿剪刀,一手提瓜柄,带一小段茎蔓剪下为好。在收获、搬动、运输、贮藏等操作过程中,要轻拿轻放,避免互相碰撞、摩擦造成伤口。

2. 露地爬地冬瓜

爬地冬瓜,即冬瓜植株始终爬在地面上完成生长、开花、结瓜全过程,不需搭支架。适宜于缺架材,劳力少,雨量小,栽培面积大的地方采用。栽培需有栽培畦和爬蔓畦两部分,以方便间作套种。在早春低温季节,可先在爬蔓畦内间作小白菜、小油菜、小水萝卜、茼蒿、小茴香等速生蔬菜,或先移栽莴笋、芹菜、油菜等。待气温上升,冬瓜苗大小适宜时,再定植到栽培畦上。如此提高土地利用率,增加蔬菜产量。爬地冬瓜的栽培管理比较粗放、容易,但必须认真抓好以下几个栽培环节。

(1)品种选择 应注意选择植株生长势较好,叶片较少,分蔓能力较差,特别是抗日烧病能力强,瓜面被白色蜡粉的中熟或晚熟大瓜型品种。例如,专用的北京的爬地冬瓜、各种类型的粉皮冬瓜。一般青皮冬瓜抗日烧病的能力低,不适宜于爬地栽培。

（2）选地做畦 注意选择地势高燥,排水良好,土壤疏松的地块。如果是白地,最好在头年秋作物收获后,及时清除残茬枯叶,并深耕晒垡。定植前施基肥,如果肥量大,可先满田撒施,然后在定植沟里条施;如果肥量小,只集中在定植畦条施。然后整地做畦。爬地冬瓜的栽培畦,一般由定植畦和爬蔓畦两部分构成,定植畦与爬蔓畦间隔排列。做畦方法分为单向畦与双向畦两种。

①单向畦 按畦宽83厘米,南北两畦并列为一组,北畦为栽培畦,南畦为爬蔓畦,要求北边畦埂筑得高一些,畦面略为向南倾斜,以阻挡北风防寒。爬蔓畦可留空等待,也可先播种或栽植速生快熟菜,在瓜蔓延伸到畦边时收获腾地,让瓜蔓继续伸长。

②双向畦 按东西延长方向做1.3～1.5米宽的栽培畦,再在其南旁和北旁各做1个平行的爬蔓畦,畦宽为83厘米左右。在栽培畦中线处开沟条施基肥,在基肥上定植南行和北行两行冬瓜,以后南行向南伸延,北行向北延伸。

（3）田间定植 定植时间必须在当地春季晚霜过后。定植深度以埋没瓜苗土坨为宜。定植方法分为普通栽法和水稳苗法两种。

①普通栽法 在栽培畦内,按60～66厘米挖定植穴,将苗轻轻放入穴内,同时用花铲填土埋没土坨,然后浇定根水。

②水稳苗法 即在栽培畦内先开出1条深13～16厘米、宽20厘米左右的浅沟,往沟内浇水,待水渗下约一半时,将带土坨的冬瓜苗按株距要求摆放入沟内,待沟水全部渗下后,即行培土封沟。这种水稳苗法比普通栽法灌水量少,地温回升

快,缓苗期短,地面不板结,有利于缓苗生长。

（4）田间管理

①中耕培土　浇过定植水后,进行中耕,以不松动幼苗基部为原则,在中耕过程中适当地在幼苗的基部培成半圆形土堆,以增强防倒苗、防风折的能力,发挥保墒、升温、缓苗的作用。如果土壤墒情好,这样的中耕可进行2～3次后再浇水。

②盘条、压蔓　当茎蔓伸长到60～70厘米时,管理重点是进行有规则的盘条与压蔓。即沿着每一棵秧根部北侧先开出一条半圆弧形的浅沟,沟深6～7厘米,然后将瓜蔓向北盘入沟内,同时埋上土并压实,主要目的是为了定向固定茎蔓,防止风害,并促进瓜蔓埋入土内的叶节发生不定根,以扩大吸收面积。压蔓还有防止徒长和生长过旺的作用。压蔓时要注意使茎先端的2～3片小叶露出地面,千万不能把生长点埋入土内。盘条的半圆弧形沟的大小,应根据植株茎的长度来确定,茎蔓长的盘条沟的弧度可大些,茎蔓短的则可小些。通过盘条可控制植株的生长方向一致,使同一畦内的植株生长整齐一致,叶片分布均匀合理,以利于提高光合作用能力。当茎蔓继续向前伸长60～70厘米时,可用同样方法在南侧开浅沟,进行第二次盘条、压蔓。一般每棵植株每隔4～5叶节压蔓1次,在整个生长期可压3～4次。每次盘条、压蔓时,都要注意将多余的侧蔓、卷须、雄花摘除干净。盘条压蔓,最好选在晴天中午以后进行,上午特别是早晨,茎叶脆嫩,容易折断或碰伤。压蔓的深浅与部位对植株的生长和雌花分化有调节作用,一般对生长势旺的植株,压蔓宜深些,压蔓的间隔距离可近些,也有的将茎拧劈后再压入土中。对生长势弱的植株,压蔓宜浅些,压蔓的节位距离应远些。压蔓的位置,应与果实着生的位置隔开1～2个节位,不宜接近果实,更不宜将着生雌花的节

位压入土中。

③选瓜、定瓜 冬瓜产量的高低与瓜大小有关,瓜的大小又与叶面积有关,叶面积大小则与叶节位有关,一般低节位的叶面积小,早期生活环境条件差,雌花发育不良,难结成大瓜。而高节位的叶面积虽大,但植株的生长已进入后期,开始变衰弱,又常出现高温和病害加重,在各种不良条件下,瓜的生育期短,也不易获得大瓜。所以,从节位上应选留第一雌花出现后的第二至第五朵雌花坐果,同时,应选留具有品种特征、形状正常、发育快、果型大、茸毛多的幼果。当果实"弯脖"、单重为0.3~0.5千克时进行定瓜,从每株中选留1~2个发育最快、个最大、最壮实的瓜,其余瓜全部摘除,以集中养分供给选留的瓜,促使其充分发育长大。

④翻瓜、垫瓜 定瓜后一般进入发育膨大最迅速的时期,由于瓜贴地面生长,上面受烈日照射,易造成其发育受光不对称,往往是瓜皮下面呈黄白色,受压也重,可能会长成瓜形不正的歪瓜。要采取翻瓜的措施,使果实各部分受光均匀,发育匀称,皮色一致,品质提高。翻瓜时轻轻地翻动约1/4,瓜与瓜柄、瓜蔓一起翻动,不要扭伤或扭断茎叶。一般每隔5~8天翻1次。翻瓜时间最好选在晴天中午或下午,此时茎叶较蔫,不易扭伤、折断。由于瓜贴地生长,容易给地下害虫和病菌侵染造成可乘之机,特别是在高温、高湿条件下,易造成腐烂。应给每个瓜铺1个草垫圈,使瓜与地面隔离。做草垫圈以不易长霉腐烂的麦草、稻草、粟草等为宜。草圈的大小应与瓜的大小相当。垫铺草圈时两人一组,一人轻轻把瓜抱起,一人将草圈垫于瓜下。在垫圈过程中,如果发现瓜裸露曝晒严重,可用摘除的瓜蔓、黄叶或枯草等加以遮盖,可防止晒伤瓜皮,或造成表皮细胞组织坏死,引起黑霉和腐烂病菌感染。

⑤肥水管理　在施足基肥的基础上,重点抓好栽培畦爬地冬瓜的肥水管理,爬蔓畦一般不必进行特别的浇水和追肥,可根据间作套种作物的要求进行。栽培畦的浇水和追肥可同时结合进行。在瓜蔓生长前期,可在幼苗前方南侧开1条20厘米左右深的沟,先在沟内撒施农家肥,每沟施10千克左右,然后引水灌溉,待水渗下后每沟再施化肥1千克左右。一般选择在晴天上午浇灌,经过半天晒沟可促使地温回升,下午封沟。茎蔓布满畦面,不再开沟浇水追肥,可根据土壤墒情和天气情况浇灌栽培畦,并根据需要随水流施一些化肥或稀粪水。在久旱无雨的情况下,一般5～10天浇灌1次。雨季不浇水,注意及时排水防涝。

（5）收获　瓜充分发育,并长到一定大小,即可根据市场需要随时收获。但收获过早,产量低,应尽可能在瓜充分成熟后再收,特别是贮藏用的瓜一定要达到生理成熟标准再采收。

3. 保护地早熟冬瓜

（1）塑料薄膜小棚早熟冬瓜栽培技术　冬瓜塑料薄膜小棚早熟栽培因其设施建造简单,用材灵活,适合我国当前菜区的经济条件和生产水平。其缺点是塑料小棚矮小,操作管理不便,仅能栽培茎蔓短的小瓜型冬瓜。其栽培技术要点如下。

①品种的选择　要求选用生育期短、早熟性强、雌花着生节位低、植株生长势较弱、叶面积小、耐低温、耐阴性较强、适宜于密植的品种。例如,一串铃4号、吉林的小冬瓜、南京的一窝蜂冬瓜等。

②适期早播,培育壮苗　冬瓜育苗要求温度较高,可采用上述露地冬瓜电热畦育苗,不具备电热畦育苗条件的,可应用传统的阳畦或温室育苗。培育壮苗的技术应掌握好以下各点。

第一,选新鲜的种子,种皮表面洁白而具有光泽,发芽力高。筛选种子时应清除杂籽、秕籽及虫蛀、带病伤、缺碎的种子，选留籽粒饱满、完整的种子。一般每667平方米用种量为150～250克。

第二，浸种催芽。冬瓜种子的厚壁细胞与海绵柔细胞组织层较厚，妨碍种子的吸水和氧气透过，冬瓜种子发芽比一般种子困难得多。其浸种催芽的方法是：先将精选的种子用50℃～60℃的热水浸泡，不停地搅拌，直至水温降至30℃左右时，停止搅拌，继续浸泡12～14小时，使种子充分吸足水分，然后淘洗几遍，将种子表面的黏液污物洗去，沥干水分，用纱布或毛巾包裹好，放于恒温箱或其他温暖处，保持在30℃～35℃下催芽，每天将种子翻动1～2次，使种子堆内外层温度均匀一致，或每天用温水清洗1次，除去表面的沾污物，使水分和氧气容易透进种子。经过5～7天，大部分种子萌发白芽时便可播种。有条件的，浸种前可用0.1%～0.2%的高锰酸钾溶液浸种30分钟，也可用福尔马林150倍液浸泡1.5小时。消毒后用清水冲洗几遍，除去药液。

第三，播种。播种方法有分苗播种法和不分苗播种法两种。分苗播种法：首先修整好育苗棚和场地，施好基肥，平整好苗床，浇足底水。浇水量以水深6～9厘米为宜，待水渗下后，撒上0.5～1厘米厚的过筛干细土，然后将催出芽的种子密播在苗床上，种子间的距离为2～4厘米。播后覆盖过筛细土3～5厘米厚，用塑料薄膜盖严，使温度维持在30℃～35℃，经1周左右即可出苗。当70%～80%的幼苗顶出土面时，即可开始通风，白天撤去薄膜，晚上再盖上，待第一片真叶显现时即可分苗。分苗前，先将苗床土喷湿，湿土深度为5～8厘米，以便于分苗时土壤附着幼苗根部，然后按约3厘米见方切坨起苗移栽。移栽的株行距为9厘米×10厘米，栽植深度以幼苗土坨与地表面相平为宜。摆苗时要求其子叶排列成直行,以使将来长出的真叶方向一致,有利于充分接受阳光,长成健壮的瓜苗。

不分苗播种法:即播种后不再进行分苗,在原地长成适于定植的壮苗。一般用于播期晚、气温高、生长快、苗龄短的晚熟栽培冬瓜育苗。其具体做法是:整地、做畦、浇水等同分苗播种法。在畦面上按9~10厘米见方切成方格,每格点播1粒已催出芽的种子。播后用过筛的细土覆盖,使种子上成土堆状,土堆高以3~5厘米为宜,这样,既可增加压力,防止种子出土时"戴帽",又可扩大受光吸热面积,以促进出苗。一般全部点播完毕后,再在全畦普遍撒一层土,使土堆面的厚度大体一致。这种幼苗主根扎得很深,生长强壮。但定植起苗时,切坨伤根断根较多,影响定植后的缓苗。所以在定植前1周左右先浇足水,以防止起苗散坨。切坨后加强保温、炼苗,促进根系恢复后定植。

第四,苗期管理。在温度管理上,要根据苗床设备的保温性能、天气变化和幼苗生长发育状态,及时进行调整控制。一般可分为4个阶段来控制。播种至子叶充分扩展阶段:其主要目标是促进种子萌芽出土,子叶发育肥大;管理重点是控制适宜的土温,一般白天应保持30℃~35℃,夜晚应不低于13℃。覆盖苗床保温的塑料薄膜应扣严密,不留通风口。每天早晨,当阳光晒到蒲席面时,及时揭卷蒲席,使苗床接受更多的阳光,提高床温;黄昏时或太阳偏西晒不到蒲席面时,应及时盖席保温,当天气寒冷或来寒流时,还应覆盖两层蒲席,以增强保温防寒能力。移苗至缓苗阶段:此期的管理应以促使幼苗恢复伤断根群为目标,白天控制适宜床温为30℃左右,晚间为13℃~15℃。缓苗后至2叶1心阶段:此阶段的重点目标为促使幼苗健壮生长,下胚轴短粗,叶片肥大而厚,叶色深绿。控制床温白天在25℃～28℃,夜间保持在10℃～15℃,对苗床内温度偏高的部位,可适当开口透气通风,降低温度,抑制幼苗徒长,每天早晚揭盖蒲席可适当提前和延后,争取增加光照时间。2叶1心至定植前阶段:此阶段的重点目标是促进幼苗健壮生长发育,提高抗逆能力,以适应定植后的田间环境。适温白天控制在22℃～26℃,夜间控制在10℃～13℃。在晴朗无风天气,可逐步将覆盖的薄膜全部揭去,加强通风。夜间仍盖蒲席,但可留出通风小口,以后随着天气逐渐变暖而不断加大通风气孔。到定植前2～4天,蒲席备而不盖,以促幼苗进行耐寒性锻炼,提高适应能力。冬瓜苗在不同的环境、温度条件下,有不同的生态表现,当苗床温度过高时,叶片较小,叶肉薄,叶色黄绿,小胚轴细弱徒长。当苗床温度过低时,幼苗生长缓慢,叶片边缘下垂,叶色黄绿。当温度适宜时,下胚轴短粗,显得壮实,子叶肥大,叶片宽大而肥厚,呈深绿色。所以,管理人员要善于观察幼苗的生态变化,也就是看苗情,看天气,看土壤变化,及时进行调控,为幼苗的生长发育创造最适宜的环境条件。在水分管理上,当播种前或分苗时浇足水分后,一般在正常情况下,可不再浇水,主要采取分次覆土保墒的办法,保持土壤水分。将过筛的潮细土撒于床面,填补土壤裂缝,防止土壤水分蒸发,每次覆土厚度为0.5厘米左右。在光照管理上,当幼苗出土后,特别是在2～4片叶阶段,在保证适宜的温度条件下,尽可能早揭晚盖覆盖物,让幼苗得到充足的光照,每天有更长的光照时间和更强的光照强度,以提高光合作用效率。此外,要进行中耕松土和幼苗锻炼。在浇过播种水或分苗水后,土壤不发黏时,要及时中耕松土;中耕深度为4～6厘米,以近根处浅、离根远处深和不松动幼苗根系为原则。中耕松土有利于增加透气性,增强保墒能力,亦有提高土温和防止沤根死苗的作用。一般在定植前1周停止浇水和施肥,除去覆盖物,使幼苗在不良环境中得到锻炼。具体做法是:先浇1次水,使根群土层湿透,然后切坨起苗,摆回原苗床并在周围用细土盖严,白天让阳光充分照射,夜间也不覆盖,使幼苗在低温、干旱环境中进行锻炼,提高其适应能力和抗逆能力,为适应定植后的外界环境打下基础。

③田间定植 当冬瓜幼苗长到3叶1心至4叶1心时即可定植。北京地区一般在3月下旬气温回升、地化冻后,整地定植。定植的密度为40厘米×33厘米,每667平方米栽苗约5 500株。定植栽苗深度,以土坨与畦面持平为宜,对苗坨要轻拿轻放,做到不散坨、不伤根。定植后立即浇水,夜间加强防寒保温措施,尽可能地加盖双层草帘,防止寒流冻害。

④田间管理

第一,温度管理。塑料薄膜棚内的温度主要是通过揭盖薄膜,通风透光等手段来控制和调节,根据冬瓜植株生长需要分阶段的管理。定植后缓苗期的温度管理:此阶段的重点是促进缓苗,促使伤断根系迅速恢复生机。必须尽可能地提高棚内的气温和地温,增加光照,使棚内气温白天保持在28℃~32℃,晚间在15℃~12℃的范围内,直到缓过苗后,新的心叶发生,可选在晴天逐步开始通风,中午适当降温。开花坐果期的温度管理:此阶段的管理重点是使冬瓜顺利进入开花、授粉、坐果期,要求适温白天为25℃~28℃,夜间为18℃~15℃。如果温度过高,特别是夜温过高,会使幼苗徒长而过多地消耗营养,影响开花授粉。必须加大通风量,必要时可在中午揭开薄膜,以保持所需的适温,傍晚延迟盖席。瓜发育膨大期的温度管理:此阶段的瓜迅速膨大,需要大量有机物的积累,管理的重点是注意加强光照强度,延长光照时间,保证光合作用所需的适温,白天为28℃～30℃,夜间15℃～18℃。白天可全部揭去覆盖物,夜间如达到适温范围便可不盖,造成昼夜明显的温差,以利于光合产物的积累,促进瓜充分膨大。

第二,水肥管理。定植缓苗后根据土壤墒情浇第一次水。如果是春白地,土壤墒情差,应及时再浇1次缓苗水;如果是接茬地,土壤墒情好,可不浇或少浇水。第一次浇水后便中耕蹲苗,中耕深度以3～5厘米为宜,以不松动幼苗根部为原则,近根处浅些,距根远处可深些,达到5～10厘米。控制植株徒长,在正常情况下可持续到开花坐果后,此间一般不进行中耕,但要及时拔除杂草,消灭草荒。果实膨大期浇第二次至第四次水。在施足基肥的基础上,随第一次浇水增施粪稀,到果实膨大期再追1～2次催瓜肥,每667平方米用复合肥15～20千克。

第三,插架整枝。当植株长出5～7片大叶,开始爬蔓时,用竹竿插架,并将经过盘条的瓜蔓逐步引上架,植株发生的侧枝,应及时清除掉。当主蔓伸长到13～16片大叶时摘心,不宜放秧过长。

第四,留瓜、定瓜。留瓜要注意兼顾高产与早熟两个方面,故一般选留第二、第三朵雌花结的瓜。开花时每天上午8～10时进行人工授粉,瓜坐住后,到弯脖开始迅速膨大时,根据需要每株选留1～3个子房肥大、茸毛多而密、果形周正的果实,其余的果实均摘除。

第五,采收。保护地早熟冬瓜栽培的目的,在于提早上市,所以,一般以采收嫩瓜为主,当果实长到1～2千克时便开始;同时还应采取多留瓜的办法,以兼顾产量和经济效益的提高。

(2)地膜覆盖冬瓜 随着塑料膜薄覆盖栽培的种类和面积的不断发展,冬瓜栽培也利用了这一新的栽培技术。地膜覆盖,在早春能增加地温,提高保墒能力,保持土壤疏松透气,有利于根系的生长,促发壮秧,相应地可减少浇水量,降低地面的空气湿度,大大减轻疫病、病毒病等的危害,同时也减少了烂瓜,从而获得较高的产量。据试验结果表明,盖地膜的比不盖的可增产15%～40%。因此,地膜覆盖冬瓜栽培有日益发展的趋势。在露地栽培冬瓜的高畦(垄)上,用聚乙烯薄膜覆盖,只需盖在栽瓜的高畦(垄)上,两高畦间的沟不盖,地膜覆盖的高畦面积占栽培面积的60%～70%。地膜栽培冬瓜的技术要点如下。

①整地做畦　整地质量好坏,对于地膜覆盖栽培效果有直接的影响,所以必须做到地要平,土要细,肥要足,墒要好,畦要高。一般在整地前首先清除前茬秸秆和地里的砖瓦石块、碎膜等杂物,再根据需要施足有机肥料,一般每667平方米撒施农家肥4 000千克,过磷酸钙15千克。必须铺撒均匀,然后翻耕土地,使肥与土充分混合,再将土壤耙得细碎无坷垃,然后将地扇整平,开好排灌渠沟,浇灌1次透水,使土壤保持足够的墒情,在表土不发黏时即起垄做畦。做畦应根据品种不同而异,早熟品种做高10～15厘米、宽60厘米、沟宽40厘米的高畦,覆盖幅宽90厘米的透明地膜;中熟品种做高10～15厘米、宽40～45厘米、沟宽155～160厘米的高畦,覆盖幅宽80厘米的透明地膜。培成畦中央略高、两边呈缓坡状的"圆头形",千万不可做成直角形。畦做好后,要轻度镇压1～2次,使表面平整。

②铺盖地膜　整地做畦后,要紧接着进行铺膜作业。在铺膜前先喷布适量的除草剂,然后扣膜,要求拉紧铺平,使薄膜紧贴土壤表面,不留空隙,并用土将四周压平、压实,以达到最佳的土壤增温效果。畦沟不盖膜,留作灌水追肥之用。

③定植技术 定植方法,通常分为两种:一种是先铺膜后栽苗,另一种是先栽苗后铺膜。两种方法各有其优缺点。前一种方法,铺膜质量较好,速度较快,但栽苗困难而麻烦,对部分散坨的冬瓜苗,缓苗受影响。后一种方法,栽苗方便,速度快,省工省时,容易保证栽苗的质量,但在盖膜时易损伤冬瓜苗,也不易铺平压严。可根据自己的实际情况选用。无论采用哪种方法,都应按要求挖定植穴,一般早熟品种深30厘米左右,中熟品种40~50厘米,栽苗的深度要均匀一致,必须将定植的冬瓜苗土坨埋没,并保持完整不散坨。要求薄膜裂口不宜太宽,秧苗周围的薄膜要用土压严,防止因大风掀起地膜而损伤幼苗。

④水肥管理 因为畦面盖上地膜,不便于直接在植株根部浇水或追肥,只能在沟中进行,通过横向渗透供给冬瓜生长所需的水肥。所以,应在做畦前施足底肥,以后可随浇水追施一些化肥或粪稀,必要时也可叶面喷肥。一般在浇过缓苗水后,在沟中松土,灭草,控水蹲苗,促进根系充分发育,直到坐瓜后开始膨大时,才结束蹲苗,沟浇2~3次,可一次随水浇稀粪水2 000~2 500千克,一次随水浇化肥10~15千克。浇水时防止大水漫灌,但要浇足水。

⑤整枝留瓜 一般早熟品种在第十叶节以后保留3~4个瓜,中晚熟品种在第十五叶节以后保留3~4个瓜,待长成弯脖迅速膨大后,选定1~2个发育快、个儿大的瓜,其余均除去。定瓜时注意使瓜坐落在高畦上的适当位置,以防止虫蛀和水泡烂瓜。早熟品种留15~18片叶摘心,中晚熟品种留20~25片叶摘心。主蔓上所有的侧枝要及时摘除,防止枝叶过茂而密闭,以减少养分的浪费。地膜覆盖栽培冬瓜一般不需压蔓,其他栽培管理技术如育苗、品种选择、收获等,可参考露地

栽培。

(3) 日光温室冬春茬栽培技术　在华北、西北地区及东北南部地区,采用日光温室进行冬瓜的冬春茬或早春茬进行栽培。一般于 12 月中下旬播种,翌年 4 月中下旬采收商品瓜。

①品种选择　本茬栽培宜选择早熟、持续供果期长、单株结瓜数较多、商品瓜质量好的小型冬瓜品种,如一串铃 4 号、绿春 8 号等。

②培育嫁接壮苗　冬瓜种植忌连作,多年连作易发生枯萎病、疫病等病害。为提高冬瓜的抗病能力和耐寒性,可采用嫁接育苗技术。砧木可用黑籽南瓜、瓠瓜、日本南瓜砧木品种。砧木与接穗同时播种,或砧木晚于接穗 2～3 天播种。嫁接方法可用劈接法或顶插法。嫁接后注意保温保湿,加强管理,培育出健壮的嫁接苗。

③整地和定植　整地时需施用腐熟有机肥做基肥,每 667平方米需施入 7 000～10 000 千克。定植前起垄,垄宽 180 厘米(包括 30～50 厘米宽的垄沟),垄高 25～30 厘米,每垄栽植 2行,株距 30 厘米,每 667 平方米定植 2 400～2 500 株。定植前10～15 天,扣好棚膜,并在棚内喷药消毒,闷棚 5～7 天。定植前 3～5 天,进行通风,散尽药味后定植。定植嫁接苗时,不要栽得过深,嫁接夹子不能接触地面。定植后覆盖地膜,在小行间的膜下小沟内浇足定植水。

④田间管理　定植后注意增温保湿,及时揭盖草苫等保温覆盖物。入春后,根据外界气温变化,逐渐加大通风量。

在浇定植水后,适当中耕、控湿。当第一个瓜开始膨大时,浇水催瓜。外界气温较低时,注意控制浇水量,浇水后要及时通风,降低棚内湿度。当外界气温升高,浇水量应逐步加大。采收前 10～15 天停止浇水。

从缓苗至抽蔓期,进行追肥,可施腐熟人粪尿或三元复合肥等。从抽蔓至开花坐果期,一般不追肥。坐果后,应重施肥,促进瓜膨大与充实,当瓜重0.25千克左右时,重施1次膨瓜肥,每667平方米施用腐熟稀粪水2 000千克,或三元复合肥20千克。采收前15～20天停止追肥。

抽蔓期要及时吊蔓、引蔓整枝。一般采用单秆整枝,摘除全部侧蔓。当每层瓜采摘后,根据主蔓高度,适时落蔓,并摘除下部老叶及病叶。在生长期内,要进行人工授粉,以提高坐瓜率,促进瓜的生长。

(六)冬瓜变种——节瓜的栽培

节瓜是冬瓜的一个变种,又名毛瓜(封3彩图)。在广东、广西栽培较普遍。近年来,在北京、上海、南京、成都、福州等大中城市郊区也有少量栽培。节瓜品质好,瓜肉比冬瓜硬,质地柔滑、清淡。节瓜一般以嫩瓜供食,老瓜也可食用,且耐贮藏,供应期较长。节瓜的特性和栽培技术与冬瓜大同小异。下面着重介绍栽培技术。

1. 品种选择

节瓜的优良品种较多。从瓜形状上分为短圆柱形和长圆柱形两种;从果实表皮看有被蜡粉与无蜡粉两类;从适应性上分为比较耐低温、适宜于早春栽培和比较耐炎热、适宜于夏季栽培和适应性较广、春、夏、秋三季均可栽培的3种;从熟性上分为早熟种与迟(晚)熟种两类。下面介绍几个常用优良品种,供各地参考选用。

(1)菠萝种节瓜 广州市地方品种。植株蔓生,生长势较强,侧蔓较多,主蔓长3～4米,一般在主蔓上第五至第六叶节着生第一朵雌花,以后每隔4～6节着生1朵雌花。叶片呈掌状,5～7裂。花为单性花,雌雄同株异花。瓜为短圆柱形,一般长23厘米左右,横径约11厘米,果皮黄绿色,被茸毛,老熟瓜表皮被蜡粉。瓜肉较厚,白色,肉质致密,品质佳,一般单瓜重1千克左右,老熟瓜耐贮运,供应期较长。早熟,生育期120～130天。较耐寒,适于春季露地栽培。

(2)**黄毛种节瓜** 因果皮黄绿色,被茸毛,故称黄毛种。植株生长势中等,主蔓第七至第十五叶节着生第一朵雌花,以后每隔5～6叶节又着生1朵雌花。果实较细长,顶端稍尖,老熟瓜被蜡粉,一般瓜长18～20厘米,横径5～7厘米,瓜肉较薄,肉质较疏松软绵,水分较多,有时微带酸味,品质中等,一般单瓜重0.5千克左右。较耐低温,适宜于春季露地栽培。

(3)**黑毛节瓜** 因瓜皮深绿、具茸毛而得名,又名黑皮青、乌皮七星仔。植株蔓生,生长势及分枝力强,侧蔓较多,叶掌状,5～7裂,花为单性花,雌雄同株异花。主蔓上第五至第七叶节着生第一朵雌花,以后每隔4～6叶节着生1朵雌花,有的连续两节着生雌花。瓜为长圆柱形,顶部钝圆,一般长18～21厘米,横径6～7厘米,皮深绿色,具茸毛,茸毛较硬,瓜面具暗纵纹斑点,老熟瓜光滑无蜡粉。瓜肉厚而致密,品质优良,单瓜重一般为150～250克。抗寒力较强,适宜于春季露地栽培。

(4)**梧州毛节瓜** 广西梧州市地方品种。植株蔓生,生长势及分枝力强,叶掌状。一般主蔓上第八至第十叶节着生第一朵雌花,此后每隔3～5叶节着生1朵雌花。果圆柱形,一般长22～30厘米,横径5～6厘米,果皮青绿色,有白斑,被有较长的硬毛,老熟瓜被白色蜡粉,果肉较厚,肉质致密,种子较少,品质中等。耐贮运。一般单瓜重0.5千克左右。早熟,适宜于春、秋季露地栽培。

（5）**大藤节瓜** 广州市地方品种。植株生长势及分枝力强,侧蔓较多,叶掌状,5～7裂。花单生,雌雄同株。主蔓上第十至第十四叶节着生第一朵雌花,此后每隔5～7叶节着生1朵雌花。瓜为长圆柱形,顶端稍弯而尖,具浅纵纹,一般瓜长21厘米左右,横径6厘米左右,瓜皮青绿色,成熟时被白色蜡粉,肉质致密,品质佳。一般单瓜重0.5～0.7千克。生育期100～110天。较耐热,适宜于夏季栽培。

（6）**七星仔** 广州市地方品种。植株蔓生,生长势及分枝力强,侧蔓多,叶掌状,5～7裂,花单生。主蔓上第五至第七叶节着生第一朵雌花,此后每隔2～4叶节着生1朵雌花,也有连续4～5叶节着生雌花的。瓜圆柱形,一般瓜长21厘米左右,横径6厘米左右,瓜皮青绿色,具光泽,有绿白色斑点,成熟时被有白色蜡粉。瓜肉较厚,白色,肉质紧实,品质好。单瓜重0.5千克左右。适应性强,早熟,春、夏、秋季均可栽培。

（7）**孖鲤鱼** 广州市地方品种。植株蔓生,生长势及分枝力强,侧枝多,叶掌状,5～7裂,花单生。主蔓上第四至第六叶节开始着生第一朵雌花,此后每隔2～5叶节连续着生两朵雌花。瓜多为圆柱形,一般长18～21厘米,横径5～6厘米,瓜皮青绿色,具茸毛,老熟瓜无蜡粉。肉质致密,品质中上。一般单瓜重0.5千克左右。适应性强,早熟,春、夏、秋季均可栽培。

（8）**桂州黑毛瓜** 广东省顺德市地方品种。植株蔓生,生长势强,主蔓上第七至第十叶节着生第一朵雌花。瓜多为圆柱形,一般顶部较粗,中部略细,长24～25厘米,横径5～6厘米,外果皮深绿色,具黄绿色小斑点,有光泽,多茸毛。瓜肉白色,一般厚1～2厘米。肉质致密、脆嫩,品质佳。单瓜重300～400克。适应性强,晚熟,抗病性较强,产量稳定,较耐寒、耐湿、耐贮运,春、夏、秋三季均可栽培。

(9)广优 1 号　由广东省农业科学院经济作物研究所经杂交育成的一代杂种。植株蔓生，生长势强，分枝力中等。主蔓上一般第九至第十一叶节开始着生第一朵雌花。瓜为长圆柱形，长18厘米左右，横径约5厘米，瓜外皮深绿色，皮上密布明显的"梅花点"，被有茸毛，无棱沟，瓜肉白色，肉厚1.6厘米左右，肉质致密，品质佳。单瓜重一般为250～300克。晚熟。耐热、耐湿、抗病性均强，适宜于夏、秋季栽培。

(10)广优 2 号　由广东省农业科学院经济作物研究所经过杂交育成的一代杂种。植株蔓生，生长势中等，分枝力较弱，主蔓上一般在第八至第十叶节开始着生第一朵雌花，此后间隔3～5节着生雌花。瓜为圆柱形，一般长16厘米左右，横径5厘米左右。瓜外皮浅绿色，上布零星"梅花点"，被有茸毛，稍有棱沟。瓜肉白色，肉质致密，品质中等。单瓜重一般在250克左右。早熟，耐湿性较强，适应性广，春、夏、秋三季均可栽培。

(11)冠华 2 号节瓜　由广州市蔬菜科学研究所育成的一代杂种。植株生长势强，分枝力强。第一雌花节位，春季栽培的在10～13节。瓜圆柱形，一般长16～18厘米，横径6～8厘米，果皮深绿色，有光泽，少星点，无棱沟。瓜肉厚1.2～1.3厘米，肉质致密，味微甜，品质优。单瓜重450～500克。耐热、耐湿、抗病，苗期较耐低温。从播种至初收，春季栽培的为85～90天，秋季45～50天，可连续采收35～50天。每667平方米产量4 000千克左右。

(12)冠星 2 号节瓜　由广州市蔬菜科学研究所育成的一代杂种。植株生长势强，侧蔓多。第一雌花着生节位，春季栽培的在4～6节，秋季栽培的在13节左右。雌花节率高，瓜呈圆柱形，长约18厘米，横径7厘米左右，瓜皮深绿色，有浅黄色斑点，无棱沟。瓜肉厚1.3厘米，白色，肉质致密，味微甜，品质优。单瓜重500克左右。抗逆性强,适应性广。从播种到初收,春季栽培的为85天,秋季的45天左右,夏季栽培只需40天。可连续采收30~50天。每667平方米产量3000~4000千克。

(13)丰乐节瓜 由广东省农业科学院蔬菜研究所育成的新品种。植株生长旺盛,分枝力强,结果多。瓜呈圆柱形、匀称,一般长20~22厘米,横径5厘米左右。皮色深绿,有绿白色斑点,肉厚,白色肉质致密,品质好。单瓜重400克左右。从播种至初收,春季为65天左右,秋季约45天,可连续采收30~50天,每667平方米产量3500千克左右。

(14)农乐节瓜 由广东省农业科学院蔬菜研究所育成的新品种。早熟,植株生长旺盛。瓜呈柱形,一般长18厘米左右,横径5~6厘米。瓜皮深绿色,有绿白斑点,肉较厚,白色,肉质嫩滑,品质优。单瓜重350克左右。抗逆性强,耐寒性较强,适应性广。每667平方米产量3000多千克。

(15)粤农节瓜 由广东省农业科学院蔬菜研究所育成。早熟,植株生长旺盛,坐瓜能力强。叶片心脏五角形,绿色。瓜为短圆柱形,一般长15厘米左右,横径约6厘米。瓜皮深绿色,有光泽,星点少,具茸毛,瓜肉厚1.2厘米左右,白色,肉质致密,嫩滑,味甜,品质优。单瓜重300~350克。耐寒性强,耐贮运,抗枯萎病。适应性广,每667平方米产量4000千克左右。

(16)江心4号节瓜 由广东省农林科学院蔬菜研究所育成的新品种。中熟,植株生长势旺盛,叶掌状五角形。主蔓上第十至第十三叶节着生第一雌花,以后每隔5~6节着生1朵雌花。秋季栽培,在主蔓第十八叶节左右着生第一朵雌花。坐瓜好。果皮深绿色,有绿白斑点,被茸毛。瓜肉厚,白色,致密,品质优。单瓜重200~300克。耐热,耐湿,耐肥,耐贮运。一般花谢后7~10天即可采收。每667平方米产量约4000千克。

（17）**鲁农2号节瓜**　由山东农业大学园艺学院育成的新品种。早熟，植株蔓性，生长势和分蔓力强。雌雄同株异花，主蔓第四至第六叶节着生第一朵雌花，以后每隔3～5节出现雌花。连续结瓜能力强，主侧蔓均可结瓜。瓜圆筒形，一般长18厘米左右，横径5～6厘米。嫩瓜皮绿色并有绿色斑点，被茸毛，老熟瓜为灰绿色，有蜡粉。瓜肉厚2厘米左右，白色，口感好，品质佳。单瓜重2～2.5千克。北方春季栽培定植后60～70天始收嫩瓜，90天收老熟瓜。每667平方米产量3000～4000千克。

2. 播种育苗

节瓜种子的萌芽同冬瓜一样困难，一般发芽不整齐，为了培育成壮苗，宜采用浸种后催芽，待萌发白芽后播种。春季早熟栽培的，宜采用保护地育苗，育苗的方法可参考冬瓜的电热畦育苗或传统的育苗法。夏、秋（晚夏）季栽培的，可采用露地保护育苗，其技术要点如下。

第一，为防止雨涝沤根死苗，育苗场地要选择较高燥的地块做畦，或摆塑料苗钵，周围的排灌水沟要提早修好。以便旱能浇，涝能排，确保节瓜苗的安全。

第二，为防止暴雨冲刷，育苗畦上必须用小竹竿插成半圆形小拱棚架，架顶上盖薄膜，周围留空，以利于通风散热。为防止烈日曝晒，在防雨棚架上覆盖稀疏的苇帘或遮阳网，使幼苗在烈日下有一个阴凉的小环境。

第三，在露地育苗的环境变化剧烈，雨水过多过急时，易冲刷幼根或造成沤根，要及时排涝；在久晴无雨或烈日曝晒时，又可能过于干旱，要及时浇水，保持畦土或苗钵内的土壤湿润，以保证苗全苗齐。出齐苗后要根据苗情和墒情，用小水轻浇。

第四,若遇暴雨冲刷,使幼苗根系露出地面时,要及时覆盖一薄层过筛的细土。

第五,要及时间苗或分苗,注意喷药防治病虫害,随时拔除杂草。

第六,使用的底肥必须经过充分腐熟,以防止烧根死苗。此外,浸种、催芽、播种等方法与冬瓜相同。

3. 田间定植

定植前先整地,施足底肥,然后做成高畦。一般畦宽150厘米,每畦栽2行,株距33～50厘米。定植方法、定植时间与露地冬瓜相同。

4. 田间管理

(1)**插架和引蔓** 定植缓苗后,进行1次中耕,适当蹲苗,主蔓长到30～35厘米时进行1次压蔓,以促进不定根发生。然后进行插架,1畦栽2行的,以插"人"字形架为宜,插完后引蔓上架。节瓜以主蔓结瓜为主,侧蔓结瓜为辅,主蔓产量约占全部产量的4/5,侧蔓产量仅占全部产量的1/5。所以,一般在结果期以前,主蔓1米以下的全部侧枝都要摘除,以集中养料培育粗壮的主蔓,为保证高产打好基础。在主蔓1米以上的中部,可保留3～5条侧蔓,以保持植株有较大的同化叶面积,以增加后期结果数,提高产量和品质。当主蔓生长到架顶时即可摘心。一般每株可采收嫩瓜3～4个,留1个长成老瓜,以延长供应期。

(2)**肥水管理** 节瓜的营养生长旺盛,结瓜多,收获期长达1～2个月,需肥水较多,特别是在开花结瓜期需要量更大。所以,在施足农家肥的基础上,应着重在结瓜期追肥。每667平方米追施腐熟人粪尿2 000～3 000千克,复合肥15～25千克,浇水与追肥可结合进行。在无雨天气,可10天左右追肥浇水1次,也可1次清水1次肥水交替浇施。

(3)拔除杂草 节瓜结瓜期正值高温高湿季节,杂草容易发芽生长,要及时除草,消灭草荒,同时也可减轻病虫害。

5.采 收

节瓜自开花后到生理成熟需要30～50天。在营养充分的条件下,可连续开花结瓜,陆续采收。节瓜的采收分为采收嫩瓜和老瓜两种。

(1)采收嫩瓜 一般在开花后10天左右,嫩瓜长到250～500克时,即可采收上市。开花后15天以上采收,则瓜内种子已开始发育,不仅降低食用价值,也影响上部的开花坐果。

(2)采收老瓜 一般每株留1～2个瓜形正、发育快、无病虫害的瓜,让它充分成长,待达到生理成熟标准后采收。此时瓜肉增厚,种子饱满,品质风味最佳,且耐贮藏和运输,可存放到秋、冬淡季供应。当节瓜老熟后可以留种,但对植株和瓜要选优。选择生长健壮,无病虫害,主蔓上第一雌花早,雌花多,坐瓜好,瓜形正,且具有该品种固有的性状特征的植株做种株。选留种瓜的节位要在主蔓中部,即第二、第三朵雌花所结的瓜。选留的瓜,必须充分达到生理成熟,采收后要经过一段后熟,让种子充分饱满后,再切瓜掏出种子,洗净晾干,保藏备用。

(七)冬瓜的留种与采种技术

冬瓜属葫芦科1年生同株异花授粉作物,开花时靠蜜蜂、蝴蝶等昆虫传粉授粉,这样很容易发生品种间杂交。所以,在冬瓜的留种与采种时,必须引起注意和重视。冬瓜留种采种,大都是结合生产田在商品瓜中留种,这样很容易发生种性退化、混杂,从而降低丰产性和产品品质。应该建立专门隔离的采种田,严格冬瓜采种技术。

1. 纯化冬瓜原种

严格选择具有品种特征、特性的单瓜留种,作为原种。

2. 建立隔离采种田

作为冬瓜采种的专门栽培区,要与其他冬瓜品种(特别是节瓜)有1 000米以上的隔离。在有森林、大楼、山头间隔的地方,可适当缩短间隔距离。

3. 在露地栽培田采种

露地栽培有利于提高冬瓜种子的产量和质量。露地栽培的温、光、水、肥等的环境条件比保护地更有利于植株、果实的生长发育,对种子的产量和质量有明显的促进和保证作用,也可降低成本。

4. 把好种子、植株、果实选择关

在播种前对种子进行精选,严格淘汰秕籽、带病籽和虫蛀籽,取饱满、粒大、具品种特征的种子;苗期淘汰弱苗、黄化苗和子叶不正苗。在植株生长结果期,选择发育健壮,节间长短适度,分枝少,无病,雌花多,坐果好,且节位适宜的植株作为种株。在果实发育和成熟期,选择发育快,果形正,果色、果形均具该品种特征,果肉厚,品质优的果实做种瓜。

5. 加强种瓜生长发育期的管理

种株的栽种行距,要比生产田适当加宽,以利于通风透光,提高光合效率,为种子提供足够的有机养分。要多追施磷、钾肥。注意及时喷药防治病虫害,以提高种子的数量和质量。

6. 采收充分成熟的种瓜

冬瓜果实自开花授粉到生理成熟,早熟品种需要40~50天,晚熟品种需要60~80天。种瓜在采收前10天左右停止浇水和施肥,以减少瓜肉内组织的含水量,提高耐贮运能力。种瓜虽在田间已充分成熟,采收后还应贮放7～15天。在这段后熟过程中,瓜内的有机养分继续向种子转移,使种子更充实、饱满,可增强种子活力,提高发芽力。采收种瓜,不宜在雨后,也不宜在烈日下采收,一般在晴天上午采收为宜。在采摘、运贮等操作过程中,要轻拿轻放,避免内外受压造成损伤,提高耐贮性,减少腐烂损失。

7.冬瓜种子的采收和保存

种瓜经过充分后熟后,便可纵向切开,用手掏出内部的种子和瓜瓤,放到干净无油污的瓦盆、搪瓷盆或其他干净容器中,不需发酵,可直接用清水冲洗,去掉附在种子表面的污物,浮出秕籽和瓜瓤。冲洗净后沥干水分,用毛巾拭去种子表面的水后,及时曝晒,以免发臭霉烂。曝晒过程中要经常翻动,晒到七八成干即可置于通风处阴干。因为过度曝晒会使种皮龟裂,已经晒干的种子要及时装袋,密封保存,并写清品种名称、采收日期、数量等,贮放在低温、干燥的环境中,不能与其他品种种子混杂,严防鼠咬和虫蛀。

对杂种一代种子,则不能用以上方法留种,一般由科研单位或种子公司等单位制种。

(八)冬瓜的贮藏保鲜与周年供应

冬瓜性清凉,含水分多,味清淡,有消暑、解热、利尿的功效,深受群众喜爱,夏、秋季节销量较大。广大菜农和科研工作者通力合作,通过新品种选育,先进栽培技术的推广,早、中、晚熟品种搭配,春、夏、秋季排开播种,露地、保护地不同方式的栽培,不同气候区的生产、运输、调剂和贮藏、保鲜技术的提高等,基本上解决了冬瓜的周年供应问题。

1. 贮藏冬瓜品种的选择

目前生产的冬瓜品种很多,分早、中、晚熟品种和小型、大型品种。以晚熟冬瓜和大型冬瓜较耐贮。从瓜皮上分,有蜡粉的粉皮冬瓜和瓜皮无蜡粉的青皮冬瓜,以无蜡粉的青皮冬瓜较耐贮。

2. 贮藏冬瓜采前的管理

采前因素对冬瓜贮藏效果的影响很大,采前应抓好以下几点。

第一,留主蔓上第二或第三朵雌花所结的瓜,在距地面1～1.5米处吊着长大、不沾污泥的瓜供贮藏用。

第二,及时喷药防治病虫害,使贮藏瓜不带田间病原菌。

第三,收瓜前10天停止浇水施肥,以减少水分,增强瓜内组织的坚实度,以提高耐贮藏性。

第四,冬瓜必须达到生理成熟度,以开花授粉后40～50天采收为宜。

第五,冬瓜必须抢在早霜前采收。经霜打过的瓜绝不能入贮。雨后瓜皮湿不宜采收,早晨瓜皮上露水未干不宜采收,以晴天上午露水干后采收为宜。采收时必须留5～10厘米长的瓜柄,也可带一段茎蔓,用剪刀剪下。

3. 贮藏冬瓜采后处理

第一,在采收搬运过程中,要轻提轻放,双手托抱,避免损伤、磨破瓜皮。防止剧烈震动、滚动或抛掷拍压。

第二,入贮前用克霉灵熏蒸消毒,每10千克冬瓜用药量为1毫升,以消灭从田间带来的病原菌。其方法是:将冬瓜码放好,用棉球蘸药放在冬瓜间隙处,布药点多几处效果更好。布药后,周围用塑料薄膜(或罩)盖严密封,熏蒸24小时即可打开入贮。

4. 贮藏方式及方法

（1）贮藏场所　冬瓜采收时一般气温仍偏高，应先放在冷凉干燥的地方预贮和处理，然后转入贮藏库。贮藏库最好用控温冷库，如没有冷库，可用地下防空洞、地窖或空闲库房等场所。

（2）贮藏环境控制　贮藏冬瓜的适宜温度为10℃，适宜的空气相对湿度为70%～75%。如湿度过高容易发生霉烂，温度过高容易萎蔫，失去鲜度，呼吸作用加强，也不利于贮藏。

（3）冬瓜堆码方式　一般根据贮藏环境大小及冬瓜贮藏量决定堆码方式。如贮量大、地方小，可在地面堆放，先在地面铺一层干净的河沙，在沙上平码冬瓜两三层，过高会压伤瓜皮或瓜肉、瓜瓤。也有人认为，冬瓜在贮藏期间还应保持与原生长发育期间相同的姿态，耐贮性更好，其原因是冬瓜生长发育中瓜瓤组织已适应重力的作用，贮藏时仍保持此姿态，瓜内部不易发生裂伤、倒瓤或种子脱散。如果贮藏量较少，可用编织袋或网兜装瓜，吊放在房梁等处。也可在室内放上架子，将瓜平摆于架子上。还可以把瓜装在可以码垛的塑料筐、编织筐内，分层堆码，但不宜堆码过高，以免倒塌。

（4）贮藏管理　冬瓜贮藏主要是温、湿度管理，一般不需要倒动。但应经常检查，发现有伤损或霉烂时须及时拣出。控温冷库贮藏的只要把温度调控在10℃±1℃即可。如果是地窖或空闲库房等，则应通过人工通风调节库内温、湿度。一般库温管理原则是：前期注意降温，中期保温，后期升温防冻。应设专人管理，前期白天关闭门窗，防止阳光和外界高温进入。夜晚或清晨打开全部门窗，必要时配装排风换气扇，使外界低温进入库内，降低库温和湿度。在中期，根据室温需要，可不通风、不加温或小通风、小加温，使库温维持在10℃左右。在后期，如果外温、室温均低于10℃时，可用炉火或电热线加温，防止冻害。

二、南 瓜

（一）概 述

在葫芦科南瓜属的作物中,包括南瓜、笋瓜、西葫芦、黑籽南瓜和灰籽南瓜等5个栽培种。在我国南北方广泛种植的有笋瓜(又称印度南瓜)、西葫芦(又称美洲南瓜)、南瓜(又称中国南瓜或圆南瓜)。在云、贵一带海拔1 000米左右的地区,有野生或栽培的黑籽南瓜。黑籽南瓜不做食用,仅做饲料。由于它根系抗病、耐寒性强,所以,被广泛用做黄瓜嫁接的砧木。

南瓜,别称饭瓜、番瓜、倭瓜等。原产地为中、南美洲,在中美洲有很长的栽培历史,在我国也有较长的栽培史。现在世界各地都有种植,其栽培面积以亚洲最多,其次为欧洲和南美洲。笋瓜别称玉瓜,由于其品质好,且引自国外及我国台湾省,因此目前在我国市场上常把笋瓜中的早熟品种称为西洋南瓜或日本南瓜。它起源于南美洲的玻利维亚、智利等国。笋瓜在我国的种植历史晚于南瓜。

由于南瓜和笋瓜在生物学特性和栽培技术、食用方法、加工方法等方面十分相似,所以本节介绍的内容包括南瓜和笋瓜。在一般情况下,本书中泛指的南瓜一词,也包含笋瓜。

南瓜和笋瓜在外观形态及内在品质上均具有多样性,所以要注意它们不同品种间的差异性。

南瓜的适应性很广,耐运输和贮藏。南瓜既可当粮亦可做菜,其嫩瓜可切丝炒食,或做菜汤、菜馅。老熟瓜还可做南瓜饭,或将其煮熟后捣烂,拌以面粉制成糕饼、面条等,亦可切块蒸食。它的嫩梢可作为鲜菜供应市场。南瓜还可加工成南瓜粉、南瓜营养液,作为食品添加剂或食疗品应用。其种子含油量达50%以上,可榨出优质食用油,亦可加工成干香食品。

南瓜味甜适口,性甘温,有补中益气作用,它所含的一些成分可以中和食物中残留的农药成分以及亚硝酸盐等有害物质,促进人体胰岛素的分泌,还能帮助肝、肾功能减弱的患者增加肝、肾细胞的再生能力。南瓜中所含的瓜氨酸可以驱除寄生虫,所含的果胶物质除具有杀菌、止痢作用外,并能减低血液中胆固醇的含量,使血中胰岛素消失迟缓,血糖浓度比控制水平低。

(二)南瓜的植物学特征

南瓜和笋瓜的植物学性状有很多共同点,同时也有不少不同点。它们的形态特征见表2-1和图2-1。

表2-1　南瓜和笋瓜形态特征及其用途

部　位	南　瓜	笋　瓜
茎	蔓性,细而长,五棱形,节上易生不定根。部分品种为矮生类型	蔓性,粗大,近圆形,节上易发生不定根。矮生类型极罕见
叶	心脏形或浅凹的五角形,叶脉交叉处常有白斑,有柔毛	圆形或心脏形,缺裂极浅或无,无白色斑点
花	花冠裂片大,展开而不下垂,雌花萼片常呈叶状	花冠裂片柔软,向外下垂,萼片狭长,花蕾开放先端呈戟形

部 位	南 瓜	笋 瓜
果 梗	细长，硬，基部膨大呈五角形的"硬座"	短，圆筒形，海绵质，基部略膨大
果 实	果实先端多凹入，表面光滑或呈瘤状凸起，成熟果肉有香气，常含有较多的糖分	先端凸出或凹入，果实表面平滑，成熟果实无香气，含糖量较少。早熟品种含糖量很高
种 子	种子边缘隆起而色较深暗，种脐歪斜，圆钝或平直	种皮边缘的色泽和外形与中部同，种脐歪斜，种子较大
用 途	以嫩瓜或老熟瓜供食用，或加工成粉供食用，或做食品添加剂。也可做饲料。有的品种以采收种子供食用	同 左

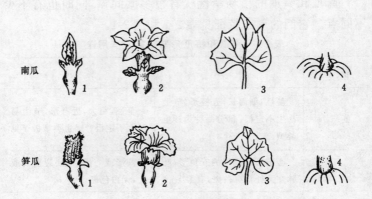

图 2-1 南瓜和笋瓜的主要植物学特征示意图
1. 花蕾 2. 雌花 3. 叶片 4. 果梗

南瓜的植物学特征如下。

1. 根

南瓜的根系发达,种子发芽长出直根,入土深达2米左右。一级侧根有20余条,一般长50厘米左右,最长的可达140厘米,并可分生出三四级侧根,形成强大的根群。主要根群分布在10～40厘米的耕层中。南瓜根系强大,在旱田或瘠薄的土壤中均能正常发育。

2. 茎

蔓性,分主枝及1～2级侧枝,一般蔓长3～5米,长的可达7～10米,少数有短缩的丛生茎。茎中空,具有不明显的棱。在匍匐茎节上易产生不定根,起固定枝蔓和辅助吸收水分的作用。由于其分枝性较强,需进行植株调整。

3. 叶

互生。叶片肥大,色深绿或鲜绿,叶柄细长而中空,无托叶。叶片掌状,五角形,叶面有柔毛,粗糙。叶脉有白斑,白斑多少、大小及叶色浓淡因品种而异。叶腋处着生雌雄花、侧枝及卷须。

4. 花

南瓜的花型较大,雌雄同株异花,异花授粉,借助昆虫传粉。雌花大于雄花,花色鲜黄或黄色,筒状。雌花子房下位,柱头3裂,花梗粗,从子房的形态可以判断以后的瓜形。雄花比雌花数量多,出现早并先开放,有雄蕊5枚,合生成柱状,花粉粒大,花梗细长。花萼着生于子房上。花冠5裂,花瓣合生成喇叭状或漏斗状。南瓜的果实是由花托和子房发育而成的。南瓜花在夜间开放,早晨4～5时盛开。短日照和较大的昼夜温差有利于雌花的形成,并可降低着生的节位,有利于早熟。主茎基部侧蔓雌花着生节位高,主茎上部侧蔓雌花着生节位低。

5. 果 实

南瓜果实形状有扁圆形、圆筒形、长筒形、梨形、瓢形、纺锤形、碟形等。瓜皮的颜色也因品种而异,底色多为绿色、灰色或粉白色,间有浅灰色、橘红色的斑纹或条纹。南瓜的果面平滑,或有明显棱线、瘤棱和纵沟。瓜肉的颜色多为黄色、深黄色、白色或浅绿色。果实分外果皮、内果皮、胎座3部分。一般为3心室,6行种子着生于胎座。也有的为4心室,着生8行种子。肉厚一般为3~5厘米,有的厚达9厘米以上。肉质致密。瓜梗硬,木质化,断面呈5棱,上有浅纵沟,与瓜连接处显著扩大,呈五角形的座。

6. 种 子

南瓜的种瓜成熟后,种子饱满,籽皮硬化,种子形状扁平,边缘肥厚,颜色多为灰白色、淡黄色、淡褐色或黄褐色。千粒重125~300克。种子寿命5~6年。

(三)南瓜的生育周期及对环境条件的要求

1. 南瓜的生育周期

(1)发芽期 从种子萌动至子叶开展、第一片真叶显露为发芽期。南瓜的种皮比冬瓜的薄,浸种时间较冬瓜短,一般用40℃~50℃温水浸种2~4小时,在28℃~30℃的条件下催芽需36~48小时。在正常条件下,从播种至子叶开展需4~5天。从子叶展开至第一片真叶显露也需4~5天。

(2)幼苗期 从第一片真叶开始抽出至具有5片真叶,还未抽出卷须。这时植株直立生长。在20℃~25℃的条件下,生长期需25~30天。如果温度低于20℃,生长缓慢,需要40天以上的时间。此期主枝生长迅速,每天可增长4~5厘米。真叶陆续扩展,茎节开始伸长。早熟品种可出现雄花蕾,有的也可显现出雌花和侧枝。

(3)抽蔓期 从第五片真叶展开至第一雌花开放,一般需10～15天。此期茎叶生长加快,从直立生长变为匍匐生长,卷须抽出,雄花陆续开放,为营养生长旺盛的时期,茎节上的腋芽迅速活动,抽发侧蔓。同时,花芽亦迅速分化。此期要根据品种特性,注意调整营养生长与生殖生长的关系,同时注意压蔓,促进不定根的发育,以适应茎叶旺盛生长和结瓜的需要,为开花结瓜打下良好基础。

(4)开花结瓜期 从第一雌花开放至果实成熟,茎叶生长与开花结瓜同时进行,到种瓜生理成熟需50～70天。早熟品种在主蔓第五至第十叶节出现第一朵雌花,中熟品种需在主蔓第十至第十八叶节出现第一朵雌花,晚熟品种迟至第二十四叶节左右才出现。在第一朵雌花出现后,每隔数节或连续几节都能出现雌花。不论品种熟性早晚,第一雌花结的瓜小,种子亦少,早熟品种尤为明显。

2. 南瓜对环境条件的要求

(1)温度 南瓜属于喜温蔬菜,它可耐较高的温度,对低温的忍耐能力不如笋瓜和西葫芦。种子在13℃以上开始发芽,以25℃～30℃时发芽最为适宜。10℃以下或40℃以上时不能发芽。根系伸长的最低温度为6℃～8℃,根毛生长的最适温度为28℃～32℃。生长的适宜温度为18℃～32℃,开花结瓜的温度不能低于15℃。温度高于35℃,花器官不能正常发育。果实发育最适宜的温度为25℃～27℃。所以,南瓜的生长往往在夏季高温期受阻,结果停歇。

(2)光照 南瓜属短日照作物。雌花出现的迟早,与幼苗期温度的高低和日照长短有很大关系,在低温与短日照条件下可降低雌花出现的节位而提早结瓜。例如,将夏播的南瓜,在育苗期进行不同的遮光试验,缩短光照时间,每天仅给8小时的光照,处理15天的前期产量比对照高60.2%,总产量高53%;处理30天的分别比对照高116.9%和110.8%。南瓜对于光照强度的要求比较严格,在充足光照下生长健壮,弱光下生长瘦弱,易于徒长,并引起化瓜。但在高温季节,阳光强烈,植株易造成严重萎蔫。所以,适当套种高秆作物,有利于减轻直射阳光的不良影响。由于南瓜叶片肥大,田间消光系数高,影响光合产物的产生,所以要注意必要的植株调整。

(3)水分 南瓜有强大的根系,具有很强的耐旱能力。但由于南瓜根系主要分布在耕作层内,蓄积水分是有限的。同时南瓜茎叶繁茂,叶片大,蒸腾作用强,每形成1克干物质需要蒸腾掉748~834毫升水。土壤和空气湿度低时,也会造成萎蔫现象,持续时间过长,易形成畸形瓜。所以也要及时灌溉,才能正常生长和结瓜。但湿度太大时易于徒长。雌花开放时若遇阴雨天气,易落花落果。

(4)土壤和营养 南瓜根系吸肥吸水能力强,对土壤要求是不严格的,在难于栽培蔬菜的土地上都可种植。但土壤肥沃,营养丰富,有利于雌花的形成,提高雌花与雄花的比例。适宜南瓜生长的土壤pH值为6.5~7.5。在南瓜生长前期,氮肥过多容易引起茎叶徒长,头瓜不易坐住而脱落;过晚施用氮肥,则影响果实的膨大。南瓜苗期对营养元素的吸收比较缓慢,甩蔓以后吸收量明显增加,在头瓜坐住之后,是需肥量最多的时期,营养充足可促进茎叶生长,有利于获得高产。南瓜对氮、磷、钾三要素的吸收量比黄瓜约高1倍,是吸肥量最多的蔬菜作物之一。在整个生育期内对营养元素的吸收以钾和氮为多,钙居中,镁和磷较少。生产1 000千克南瓜需吸收氮

3～5千克,五氧化二磷1.3～2千克,氧化钾5～7千克,氧化钙2～3千克,氧化镁0.7～1.3千克。南瓜对厩肥和堆肥等有机肥料有良好的反应。在施用基肥与追肥时,要注意氮、磷、钾的配合。

（四）南瓜类型及其优良品种介绍

1. 南 瓜

（1）**贵州小青瓜** 贵阳市郊区农家品种。株型小,熟性早,为雌花育成率高的早熟品种。露地栽培,春播70天、秋播40天可采收嫩瓜。蔓长1.5～2.6米,根瓜节位蔓长15～35厘米,多连续2～3节着生雌花。一般主蔓、侧蔓均可结瓜。嫩瓜椭圆形、圆形或扁圆形。皮色淡绿或深绿,瓜肉淡黄,口感甜面。老熟瓜最重为3千克,含糖量4%～7%。生长势和抗逆性中等。每667平方米产量为2 000～2 500千克。

（2）**叶儿三南瓜** 江苏省地方品种。早熟种。蔓浅绿色,叶较小。主蔓第七至第八叶节开始着生雌花。果实为长圆筒形,果皮光滑,有白绿条纹相间,老熟瓜皮橙红色。单瓜重2～3.5千克。肉质粉,水分少。主要以嫩瓜供食用。

（3）**牛腿番瓜** 山东省地方品种。早熟。茎蔓生,分枝性强。雌花始花节位为第五至第八叶节。早熟。瓜为长粗颈,圆筒形。嫩瓜墨绿色。瓜表面平滑,有蜡粉。单瓜重2.5千克。生育期95～105天。抗病毒病,不抗白粉病。

（4）**糖饼南瓜** 浙江省杭州市地方品种。为早熟种。主蔓第七至第八叶节着生雌花。瓜扁圆形,嫩瓜皮色青绿。老熟后橙黄色,瓜面具有瘤状突起。单瓜重1.5～2千克。以嫩瓜做蔬菜用,瓜肉柔嫩,有甜味。老瓜肉粗糙,只可用做饲料(图2-2)。

（5）矮生洪洞南瓜
山西省洪洞县1982年选育的矮生类型新品种。早熟种。植株簇生，蔓短缩，约20厘米长，第五叶节开始坐瓜，瓜期集中。瓜面甜可口，品质较好。露地直播后50～60天开始结瓜，比一般南瓜早熟20～30天。适于密植，每667平方米栽1 500株。

糖饼南瓜

黄狼南瓜

图 2-2　糖饼南瓜和黄狼南瓜

单株产量约4千克，每667平方米产量5 000多千克。

（6）十八棱北瓜　河北省石家庄市地方品种。植株匍匐生长，生长势强，分枝多。叶为掌状心脏形，长14厘米，宽27厘米，叶柄中空，主蔓第十二叶节处着生第一个瓜。瓜为圆盘形，纵径10厘米，横径22厘米。瓜周围形成较深的纵沟，有16～18个棱。果梗向内凹陷，瓜皮褐色，带有黄色斑。瓜肉橘黄色，肉厚4.6厘米。单瓜重2千克。肉质致密，甘面，瓜瓤小，品质好。抗逆性强。生长期100天左右。每667平方米产量2 000千克左右。

（7）海盐南瓜　上海市地方品种，又名枕头南瓜。植株攀缘生长，分枝性弱。叶掌状，五角。第一朵雌花节位在主蔓第五至第七叶节。瓜短圆筒形，顶部较膨大。老熟瓜皮橙黄色，瓜面具浅棱，有白粉。生长期120天。品质中等。单瓜重约4.5千克，每667平方米产量约3 000千克。

（8）黄狼南瓜　又称小闸南瓜。上海市地方品种。生长势强，分枝较多，蔓稍粗，节间长。叶心脏形，深绿色。第二朵雌花着生于第十五至第十六叶节,雌花间隔1～3节。瓜为长棒槌形,纵径45厘米左右,横径15厘米左右,顶端膨大,种子少,果面平滑;瓜皮橙红色,成熟后有白粉。肉厚,肉质细致,味甜,品质好,耐贮藏。生长期100～120天。单瓜重约1.5千克。每667平方米产量1 000～1 300千克。适于在长江中下游地区种植(图2-2)。

(9)大粒裸仁南瓜 由山西省农业科学院蔬菜研究所选育的无种皮南瓜品种。分枝性中等,生长势强。叶缘为浅锯齿,无裂刻,叶面的斑小。第一朵雌花节位在主蔓第八至第九叶节,主侧蔓均结瓜。以食用老熟瓜和裸仁种子为主。瓜近圆形,土黄色,肉为深杏黄色,瓜面有赭黄色细密花纹,微棱,瓜面蜡粉少。单瓜重3千克。中熟。生育期130天。肉质致密,口感甜面。耐贮藏。抗病性强。

(10)七叶南瓜 江西省地方品种。植株蔓生,茎粗,节间较短。叶心脏形,长23厘米,宽29厘米,深绿色。第一朵雌花着生于主蔓第五至第六叶节。瓜扁圆形。嫩瓜高9厘米,横径10厘米,表皮绿白色,肉淡黄色,厚3.5厘米。老熟后瓜肉橙黄色。单瓜重2.5～3千克。以采收嫩瓜为主,水分多,不耐贮藏,品质一般。生长期120天。每667平方米产量约2 500千克。适于长江下游地区种植。

(11)坛子南瓜 湖北省地方品种。植株蔓生,匍匐生长,主蔓长4米左右。节间长,分枝力中等。叶呈心脏形,深绿色。主蔓结瓜,第十二叶节着生第一朵雌花。果实短纺锤形,果顶钝圆。老熟瓜淡绿色,有光亮,肉黄白色。单果重10千克左右。果实水分少,味淡,宜煮食。生长期120天。抗白粉病。每667平方米产量4 000千克左右。适于长江中游地区种植。

(12)五月早南瓜 湖北省地方品种。植株蔓生,生长势强,匍匐生长,蔓长2米以上,茎蔓较细,节多而节间短。叶片较小,呈心脏形,长20厘米,宽25厘米。主侧蔓均能坐瓜。主蔓第一朵雌花着生在第四至第五叶节。雌花多两朵连生。单瓜重4～5千克。果实肉质细密,味甜。老熟瓜耐贮藏。生长期120天左右。每667平方米产量3 000～4 000千克。

（13）十姊妹南瓜　浙江省地方品种。以主蔓结瓜为主,第一朵雌花着生于第十八至第二十三叶节,以后每隔五六叶节着生1朵雌花,子蔓第四至第十二叶节开始着生雌花。瓜长形而略带弯曲,先端膨大,近瓜梗端细长,实心,瓜皮粗糙,瓜肉厚。嫩瓜绿色,老熟瓜黄褐色,表面有蜡粉。瓜肉致密,橘红色,味甜。单瓜重3.5千克左右。适于长江中下游地区栽培。

（14）大磨盘　北京市地方品种。蔓长3米左右。叶片掌状,五角形或七角形,裂刻浅,深绿色,叶脉交叉处有白色斑点。主蔓第十二至第十五叶节开始结瓜。瓜扁圆形,似磨盘,高13～15厘米,横径26～30厘米。单瓜重3.5～5千克。瓜皮深绿或墨绿色,老熟时转为红棕色,有浅色斑纹,表面附有蜡粉。肉橙黄色,厚4～5厘米,瓤小,水分少,味甜,质面,品质佳。耐热,不耐涝,抗病性弱。每667平方米产量2 500～3 000千克。

（15）砘子南瓜　河南省地方品种。植株生长旺盛。果为扁圆形,果面有10～18条纵向深沟。果实高8.8厘米,横径23厘米。外皮色泽不一,有黑皮、黄皮和花皮等。果肉厚6厘米,黄白色,质面,味甜,品质好。耐旱性较弱。生长期150天。每667平方米产量1 500千克。适于华北地区栽培。

（16）盒子南瓜　江苏省地方品种。中熟。主蔓第十至第十六叶节处着生第一朵雌花,其基部第四至第五叶节抽出侧枝,侧枝第四至第六叶节着生雌花。每株一般可结瓜2～4个。

瓜扁圆形,横径25~35厘米,纵径12~13厘米。嫩瓜暗绿色,有不明显的花斑,表面平滑或有突出物。成熟瓜橙黄色,表面有白粉。肉质面,味甜,品质优良。单瓜重5千克,最大的可达20千克。每667平方米产量2500~3500千克。适于长江中下游地区种植。

（17）雁脖南瓜　河北省中部地方品种。植株生长势较强,分枝性中等。茎蔓匍匐,浅绿。叶为心脏形,浅裂,长22厘米,宽26厘米,叶柄中空。主蔓第十五至第十八叶节着生第一朵雌花。瓜头部较大,腹部细弯,形似雁脖。瓜长65厘米,横径10厘米,表皮黄褐色带有深绿色纵条斑。瓜肉黄色、较厚,仅瓜头部有少量种子。种子白色,甚大。千粒重约175克。单瓜重4千多克。瓜味甜,较面软,品质好。耐热。抗旱。抗病虫害能力强。生长期130天左右。每667平方米产量2500千克左右。适于华北地区种植。

（18）牛腿南瓜　湖北省鄂中地区地方品种。中熟。植株蔓生,匍匐生长,茎粗,生长势强,分枝多。叶片呈心脏形,深绿色。主侧蔓均可坐瓜,第一朵雌花着生在主蔓第十六至第二十叶节。瓜长棒槌形,长约60厘米,横径15厘米左右,上半部实心,下半部膨大呈椭圆形,肉厚约3厘米。老熟瓜橙红色,有白粉,瓜肉橘黄色。单瓜重4千克左右。瓜肉味甜而粉,品质良。抗逆性强。每667平方米产量3000千克左右。适宜长江中游地区栽培。

（19）汉川柿饼南瓜　湖北省汉川县地方品种。中熟。植株蔓生,匍匐生长,分枝性强。叶长约20厘米,宽26厘米,呈心脏形,叶面有茸毛。第一朵雌花着生于主蔓第十六至第二十叶节,以后每隔6~10节再生雌花。瓜呈扁圆形,高13~15厘米,横径25~30厘米,瓜肉厚4.5~6厘米。老熟时表面具绿色与黄色组成的花斑,瓜黄色,单瓜重5千克左右。瓜肉粉质,味甜。耐贮藏。抗旱力强。每667平方米产量2000千克以上。适于长江中游地区栽培。

(20)癞子南瓜 湖北省鄂州市郊区地方品种。中熟。植株蔓生,匍匐生长,蔓长2.7米左右,叶片大。主蔓第十八叶节左右开始着生雌花。瓜扁圆形,嫩瓜深绿色,成熟瓜暗黄色,表面密布瘤状突起,瓜纵径20厘米,横径25厘米,瓜肉厚3~4厘米,棕黄色。单瓜重3~4千克。成熟老瓜味极甜,品质佳。适于长江中游地区种植。

(21)骆驼脖南瓜 河北省秦皇岛市地方品种。中晚熟。植株匍匐生长,分枝多,生长旺盛。茎蔓长8~9米,茎粗约1.5厘米,节间长15~17厘米。叶为掌状,五角形,浅裂,深绿色,叶脉交叉处有白色斑点。主蔓第十五叶节以上结瓜。瓜为棒槌形,似骆驼脖,长45~50厘米,横径12~16厘米。瓜皮墨绿色,具蜡粉,老熟瓜黑色,表面有10条浅绿色纵条纹。瓜肉橙黄色,瓤小。单瓜重1.5~2千克,大的可达4千克左右。瓜肉厚,质致密,含水量少,味甘面,品质佳。耐寒,耐热。耐瘠薄。抗病能力强。每667平方米产量2500千克左右。适于华北地区种植。

(22)博山长南瓜 山东省淄博市地方品种。偏晚熟。茎蔓生,分枝性强。叶掌状,五角形。雌花始花节位在第十八叶节以上。瓜为长颈圆筒形,瓜皮墨绿色,表面平滑,有蜡粉。单瓜重1.5千克左右。生育期120~140天。抗病毒病和白粉病。

(23)轭头南瓜 江西省九江市地方品种。植株蔓生,侧蔓较少。叶心脏形,长23厘米,宽28厘米,绿色,叶缘波状。第一朵雌花着生于主蔓第十三叶节,或侧蔓第六叶节。瓜长棒槌形,顶端膨大,长54厘米,横径17厘米。近果蒂一端细长,实心,向一侧弯曲,表面光滑,具花纹。嫩瓜青绿色,老熟后金黄色,肉橙黄色,质粉而甜,厚3厘米。单瓜重6~7千克。生长期130天。每667平方米产量2 000千克以上。

(24)轿顶南瓜 江西省井冈山地区地方品种。晚熟。植株蔓生,分枝中等,绿色。叶心脏形,长27厘米,宽32厘米,叶缘浅裂。第一朵雌花着生于主蔓第十三至第十五叶节或侧蔓第六叶节。瓜葫芦形,瓜顶稍凹陷,高37厘米,横径34厘米,嫩瓜表皮绿色,老熟瓜褐黄色,有蜡粉,肉黄色,厚3厘米。单瓜重约3千克,最大单瓜重8千克。瓜含淀粉多,味甜。生长期160天。抗病性强。每667平方米产量2 500千克。

(25)枕头南瓜 江西省景德镇市地方品种。植株蔓生,分枝力强,茎粗中等,绿色。第一朵雌花着生于主蔓第二十一叶节,其后连续或隔3~5节着生雌花。叶心脏形,长25厘米,宽24厘米,叶缘浅裂,绿色。瓜长筒形,中部稍细,长38厘米,横径22厘米,表皮光滑,有花纹及棱沟,肉厚3.3厘米,橙黄色。单瓜重7~8千克,最大单瓜重20千克。瓜含淀粉多,粉而甜,品质良。生长期160天。每667平方米产量2 000千克左右。

(26)铁皮南瓜 江西省中西部地方品种。植株蔓生,分枝强,蔓长8米,茎粗2厘米。叶心脏形,长20厘米,宽27厘米,深绿色。第一朵雌花着生于主蔓第十六叶节至第十七叶节,以主蔓结瓜为主。瓜扁圆形,高22.5厘米,横径55厘米,嫩瓜表皮墨绿色,老熟瓜橙黄色,有棱沟及浅褐色网纹,稍有蜡粉,瓜肉橙红色,厚6厘米。单瓜重10~15千克,最大单瓜重35千克。瓜味甜而粉,耐贮藏。生长期140~160天。每667平方米产量3 000~4 000千克。

(27)蜜枣南瓜 广东省农业科学院经济作物研究所选育。蔓生,分枝性较强。主蔓第二十一至第二十七叶节着生第一朵雌花,以后每隔5节着生1朵雌花。瓜形似木瓜,有暗纵沟,外皮深绿色,有小块及小点状淡黄白色斑,老熟瓜土黄色,肉厚,近于实心,品质优。单瓜重1～1.5千克。每667平方米产量1 250～1 500千克。在广州春、秋两季均可栽培。

(28)昆明癞皮南瓜　云南省昆明市地方品种。长蔓,绿色,具五棱。叶片大,5裂,似心脏形,深绿色,柄长。第十三至第十七叶节开始出现第一朵雌花,其后每隔4～6节再出现1朵雌花。萼筒短,萼片为小叶状。果实扁圆形,纵径16.2厘米,横径36.5厘米。瓜表具有多数小肉瘤。柄5棱,具有纵沟,基部膨大。嫩瓜深绿色,老熟时橘红色,有的具绿色纵纹,肉厚5.2厘米,种子少,味甜,面而香,品质佳。生长期180天。单瓜重约3千克,每株能结四五个瓜。每667平方米产量4 000～4 500千克。

(29)无蔓1号　山西省农科院蔬菜研究所育成的杂种一代。植株矮生,株高约70厘米,适宜密植。嫩瓜皮深绿色,老熟瓜呈棕黄色,瓜形扁圆,有棱。肉质甜面。单瓜重1.3千克。全生长期100天。老、嫩瓜均可采食。每667平方米产量3 000千克。适于小拱棚覆盖早熟栽培。

(30)无蔓4号　山西省农科院蔬菜研究所育成的杂种一代。植株无蔓丛生,长势中等。叶色灰绿。中早熟,从播种到采收80天。适宜采收嫩瓜。嫩瓜绿色带黄条斑。单瓜重0.5～1千克。单株结3～4个瓜。每667平方米产量3 000千克。适于小拱棚覆盖早熟栽培。

(31)晋南瓜1号　山西省榆次市蔬菜原种场育成的杂种一代。生长势强,第一朵雌花着生于主蔓第十二至第十四叶节。瓜卵圆形,嫩瓜深绿色,老熟瓜墨绿色,具有绿色纵纹,间有浅色斑点。瓜肉金黄色,肉厚致密。早熟,开花后25天左右即可上市。适应性强。抗白粉病和霜霉病。每 667 平方米产量 4 000~6 000 千克。

（32）增棚南瓜 陕西省农业科学院蔬菜研究所选育。植株蔓生，生长势旺盛，分枝力强。叶片五角形，叶缘浅锯齿状，叶面白斑多而大。主侧蔓均结瓜，第一朵雌花着生在第十八至第二十叶节。瓜呈长弯圆筒形，弯曲颈部为实心。瓜皮黄褐色，瓜肉金黄色，蜡粉多，有浅棱。种瓜皮黄褐色，种子千粒重 100 克。肉质细面，味甜，品质好。晚熟，从定植到采收 120 天。抗病虫性强。耐旱性好。每 667 平方米产量 2 000~2 500 千克。

（33）蜜本南瓜 广东省农业科学院蔬菜研究所育成。植株蔓性，分枝性强。叶片钝角掌状形，叶脉交界处有不规则斑纹。茎较粗。第一朵雌花着生在主蔓第十五至第十六叶节。瓜为棒槌形，瓜顶端膨大，种子少且都集中在瓜顶端上。成熟时，瓜皮橙黄色，肉厚，瓜肉为橙红色，细腻，味甜，品质好。单瓜重 3 千克，每 667 平方米产量 2 000 千克。

2. 笋　瓜

（1）吉祥 1 号 中国农业科学院蔬菜花卉研究所育成的杂种一代。蔓性，植株长势中等，主侧蔓均可结瓜。第一朵雌花着生在主蔓第五至第七叶节。早熟，定植后 35~40 天可采收商品瓜。嫩瓜和老熟瓜均可食用。瓜扁圆形，皮色深绿，带有淡绿条斑。瓜肉橘黄色。果型较小，单瓜重 1~1.5 千克。煮食易熟，适口性好。粉质重，品质甜面，其胡萝卜素、果胶及钙的含量高于一般南瓜品种。适于保护地及早春露地栽培。每 667 平方米产量 2 000 千克左右。

（2）锦栗 湖南省瓜类研究所育成的杂种一代。植株生长势强，全生育期 98 天左右。主蔓长，易发生不定根。叶色深绿。始花节位在第六至第八叶节。果实扁圆，深绿色，上有淡色散斑。果肉橙黄色,肉质致密,粉质度高,风味好。单瓜重1.5千克。抗逆性强。适应性广。适于保护地和春季露地栽培。每667平方米产量2 000千克。

(3)红栗 湖南省瓜类研究所育成的杂种一代。植株生长势较强,连续坐果能力较强。果皮橘红色,果形扁圆,果肉橙红色,肉质甜粉。早熟品种,从开花至成熟约35天。

(4)寿星 安徽省丰乐农业科学院育成的杂种一代。早熟。果实为扁球形,绛绿皮;果肉深橘黄色,肉质致密,粉质好,品质佳。单果重2千克。

(5)金星 安徽省丰乐农业科学院育成的杂种一代。植株生长势较强。果实扁球形,金黄色,果肉橙红色,肉质致密,粉质重,水分少,品质好。全生育期80天。单果重1.8千克。每667平方米产量2 500千克。

(6)短蔓京绿栗 北京市蔬菜研究中心育成的一代杂种。植株前期为矮生的密植型早熟品种。节间短缩。主蔓第四至第五叶节可结瓜。从播种至采收需90天。单瓜重1.2～1.5千克。瓜肉较厚,呈橘黄色,口感甘甜,细面,品质好。

(7)京红栗 北京市蔬菜研究中心育成的一代杂种。植株蔓性。早熟。第一朵雌花着生于主蔓第五至第六叶节。从播种至采收需85天。单瓜平均重1.2～1.5千克。瓜皮呈橘黄色,瓜肉厚,口感甘甜,肉质细面,粉质度高,有板栗香味,品质好。

(8)谢花面 黑龙江省农科院园艺研究所育成。植株蔓性。长势中等,分枝能力中等。叶色深。第一朵雌花着生于第六至第八叶节。老熟瓜扁圆形,瓜皮墨绿色带白条斑。单瓜重1～1.5千克。生育期90～100天。瓜肉甘甜,味佳。每667平方米产量3 000千克。

(9)栗晶 安徽省合肥市西瓜研究所育成的一代杂种。植株蔓生,长3米左右。生长势及分枝性强。叶色深绿,叶脉处银灰色。第一朵雌花着生于主蔓第六至第七叶节。瓜扁圆形,表面较光滑,瓜面有灰白色斑点及10条从果梗到脐部的条纹。瓜肉橘黄色。早熟。生育期95天。肉质粉甜,味似板栗。抗旱。抗白粉病。单瓜重2.2千克。每667平方米产量2 000千克。

(10)**惠比寿** 从日本引入的杂种一代。生长势较强,在低温条件下生长良好。第一朵雌花着生在主蔓的第四至第六叶节。果实扁圆形,果皮墨绿色,以花蒂为中心有放射性的淡绿色条斑。肉质稍黏,食味优良。极早熟,生育期70~80天。适合早熟栽培种植。在此以后育成的一代杂种,如锦芳香、黑锦、锦惠比寿等品种都是同类型品种。

(11)**甜栗** 由韩国引入的品种。长蔓,生长势及分枝能力较强。叶色深。中早熟,从播种到采收100~105天。第一朵雌花着生于第八叶节。老熟瓜墨绿色,扁圆形,单瓜重2千克。品质优,果肉厚,种腔小,甘甜。每667平方米产量4 000千克。

(12)**东升** 台湾农友种苗公司育成的一代杂种。长蔓。早中熟。易结果。第一朵雌花着生于第十一至第十三叶节。从播种到采收90~100天。老熟瓜金红色,扁圆球形。单瓜重1千克。开花后40天可采收。肉厚,粉质香甜,风味好。耐贮运。每667平方米产量3 000~3 500千克。

(13)**一品** 台湾农友种苗公司育成的一代杂种。长蔓。生长势强,分枝能力较强。早中熟,从播种到采收90~100天。第一朵雌花着生于主蔓第十一至第十三叶节。瓜皮墨绿色,扁圆形,果肉厚,黄色,粉质强,味甜。每667平方米产量3 000千克。

(14)**密冠** 山西省太谷县蔬菜研究所育成的一代杂种,由笋瓜与南瓜杂交而成。植株短蔓型。从出苗到采收75天。1

株可结3～5个瓜。果实近圆形,果皮墨绿色,有凹凸棱瘤。果肉橘红色,肉厚致密,味甜干面,品质佳。抗病性强。适应性广。

(15)甜面王 山西省太谷县蔬菜研究所育成的一代杂种,由笋瓜与南瓜杂交而成。早熟,生育期100天。果实扁圆形,有16条浅棱沟,皮色墨绿,有蜡粉。第一朵雌花着生于主蔓第七至第八叶节,平均单瓜重2.5千克。味甜而面,果肉橘红,肉厚,可食率高。对白粉病有较强的抗性。适应性广。每667平方米产量5 000千克。

(16)无权南瓜 黑龙江省桦南县白瓜籽集团选育。籽用型。植株长势中,分枝能力弱。叶色灰绿。第一朵雌花着生在第十叶节左右。从播种到采收需110天。瓜灰绿色,以扁圆形为主。单瓜重2.5～3.5千克。千粒重350克,籽粒长2厘米,宽1.2厘米,雪白色。每667平方米产瓜籽65～90千克。

(17)齐印2号 齐齐哈尔市南瓜研究所育成的杂交一代。生育期100天。单果重10千克。果实圆形,果皮橘红色或灰色。籽用型。种子长1.5厘米,宽1.3厘米。种皮雪白光滑平展。单瓜采种300粒,千粒重300克。

(18)甘南1号 由黑龙江省甘南县葵花研究所选育而成。籽用型。植株长势较强。叶色绿。分枝性较强。中熟,从播种到采收需110～120天,第一朵雌花着生于主蔓的第十叶节。老熟瓜灰绿色,扁圆形。单瓜重3～4千克,单瓜产籽数为250～300粒,雪白色。千粒重300克。

(19)梅亚雪城1号 黑龙江省富锦市梅亚种业有限公司育成的一代杂种。籽用型。植株生长强健,分枝弱。叶缘浅裂。生育期104天。第一朵雌花着生于主蔓第六至第八叶节。瓜扁圆形,嫩瓜有10条白条带,老熟瓜银灰色,果肉橘黄色。单瓜重3千克。单瓜种子数250粒,种子雪白,宽1.2厘米,长2.2厘米。千粒重380克。耐低温,耐干旱。抗花叶病毒。每667平方米产籽量83千克。

(20)**银辉1号** 由东北农业大学园艺系选育而成。籽用型。长势中,分枝能力中。叶色深绿。中早熟,从播种到采收需110天。第一朵雌花着生在主蔓第八至第十叶节。老熟瓜灰绿色,扁圆形。单瓜重2.5~3.5千克。单瓜产籽250~350粒。千粒重320克。种子长2厘米,宽1.2厘米,雪白色。每667平方米产籽60~75千克。

(21)**金辉1号** 由东北农业大学园艺系选育而成。籽用型。植株长势旺,分枝能力强。抗病性强。晚熟,从播种到采收需120~130天。第一朵雌花着生在主蔓第十二叶节。老熟瓜扁圆形,橘红色。单瓜重10~15千克,产籽300粒。千粒重270克。种子长1.8厘米,宽1.2厘米,雪白色,种皮薄。每667平方米产籽75~125千克。

(22)**大月亮** 从美国引进的特大型品种。植株长势强,蔓长,叶大,侧蔓多而粗,以主蔓结瓜为主。瓜为圆形或长扁圆形,单瓜重75千克。嫩瓜暗绿色或深绿色,老熟时转为橘红色,具有纵棱沟,无蜡粉,色泽光亮。生育期130~140天。每667平方米产量7500千克。单瓜产籽300~400粒,千粒重500克。耐贮藏。熟食、做馅或晾晒加工均可。也是畜禽的好饲料。

(23)**五星彩瓜(看瓜)** 山东省桓台市农家品种。植株生长势强,分枝性强。叶掌状,叶缘波状,第一朵雌花着生在主蔓第十二至第二十七叶节。主侧蔓均结瓜。瓜呈扁圆形,瓜顶有5个突起。瓜皮上部橘红色,下部顶腿白绿色,有微棱,无蜡粉。中晚熟,生育期110天。单瓜重1~1.5千克。较耐热,较抗白粉病。瓜肉橘红色,致密,微甜。耐贮藏。可供观赏用。

(24)**大白皮笋瓜** 江苏省南京市农家品种。植株蔓性,分枝性强。叶心脏形。第一朵雌花着生在主蔓第六至第七叶节。瓜长椭圆形，嫩瓜白中微绿，具微绿条纹。老熟瓜乳白色，表面有10条浅纵棱沟，果瘤中等大小，较稀。中熟，生育期90天。单瓜重5～7千克。耐热性及抗病毒中等。肉质面，味淡，品质中等。

（25）**通海红金瓜** 云南省通海县地方品种。植株蔓生，生长势和分枝性强。茎粗壮，叶心脏形，主侧蔓均结瓜。第一朵雌花着生在主蔓第十七至第二十叶节。瓜为枣核形，中间大，两端小。瓜皮上半部深绿色，下半部橘红色，棱沟浅，带有黄白色条，瓜肉橘红色。单瓜重10～15千克。肉质甜面。晚熟，生育期200余天。

（26）**迷你型南瓜** 该类型品种是近年来不少单位从日本、美国等种苗公司引入我国的小型南瓜品种，属食用、观赏兼用型品种，统称"迷你型"南瓜。一般单瓜重200～300克。从植物学性状分类，它们分属于南瓜或笋瓜栽培种。其中也有一部分品种属于西葫芦栽培种。

上海市动植物引种研究中心引入的迷你南瓜、迷你红、迷你青等品种均属此列。均为茎蔓生，主蔓3～5米。瓜扁圆形，肉色橙红。瓜皮淡橙黄底色，镶嵌深金黄色竖条纹，或是深绿底色镶嵌灰白色竖条纹，或橘红色。口感甜而粉。贮藏期可达3个月以上。

（27）**土佐系南瓜** 嫁接用砧木品种。它是日本育种者培育的印度南瓜和中国南瓜的一代杂种。土佐系南瓜品种较多，其代表性的是新土佐南瓜。其植株长势强，耐寒、耐热性强。瓜为高桩的扁球形，瓜皮墨绿色，有淡色斑纹。单瓜重2千克。瓜肉品质中等。属晚熟种。因其是种间杂交，后代分离严重。新土佐南瓜做砧木具有以下特点：嫁接亲和力强，在温度和湿度适宜的条件下,嫁接成活率达100%;比较耐高温,适合于春、夏季保护地栽培;品质好,嫁接后的黄瓜无南瓜异味。

(28)南砧1号 嫁接用砧木品种。由辽宁省熊岳农业职业技术学院从美国南瓜中选育而成。果实扁圆形,成熟时外表皮具有红绿相间的花纹,种子表皮黄白色。单瓜产种子300～400粒,千粒重250克左右。嫁接亲和力高,植株生长势强,抗病丰产。但嫁接植株抗高温品质较差,最好在冬季日光温室黄瓜嫁接栽培上应用。

(五)南瓜栽培技术

1. 栽培方式

从当前的生产情况看,南瓜的栽培方式主要是露地栽培。早熟笋瓜品种具有品质优良、形状喜人的特点,经济效益高。笋瓜栽培有露地栽培和保护地栽培等多种方式。

南瓜植株长势强,吸收水肥能力强,对土壤要求不严格,栽培技术亦比较简单,不论在园田,还是在粮区、果园中均可种植,房前屋后、宅旁路边也可栽培。此外,南瓜可育苗生产,集中管理,但后期要爬蔓占地。所以,为节约土地,应充分利用空间和时间,增加复种指数,进行瓜粮或瓜菜间套作。

南瓜种植的最主要方式是爬地栽培,爬地栽培中又可分为露地栽培和早熟小拱棚覆盖栽培。南瓜植株耐热性较强,在北方城市郊区常安排在4～8月份生产,成为增加夏淡季蔬菜供应中的花色品种之一。它的前茬可安排根茬菠菜或早熟春播叶菜,如油菜、小白菜、水萝卜、茼蒿、早熟甘蓝等;后茬可接种秋播大白菜或晚秋菠菜等。上海郊区种植南瓜前后茬搭配及其播种、定植收获期的情况见表2-2。

表 2-2　上海郊区南瓜种植情况

前　茬	播 种 期	定 植 期	收 获 期	后茬安排
大青菜、二月慢青菜、乌塌菜等的留种田	3月中旬	4月中下旬	8月10日左右	花椰菜、秋青菜、甘蓝等
五月慢油菜、晚莴笋、牛心甘蓝等	3月10～15日	4月中下旬	8月上旬	菜花、甘蓝、大青菜
早熟马铃薯与叶菜隔畦间作	3月10～15日	4月中下旬	8月上旬	"小白口"大白菜、青菜秧
早熟番茄	3月中旬至4月初	5月初	8月中旬	大白菜等
房前屋后	3月10日左右	4月中旬	7月下旬至8月上旬	大头菜等

　　南瓜常进行套种栽培。例如,玉米、高粱和南瓜间作的方式很普遍。在农村种植南瓜多做成60～80厘米的栽培畦,畦相间1.5～2米,可点种玉米、高粱等。早南瓜还可与蚕豆、大麦等早春作物套作,由于小麦、蚕豆等播种早,提早生长,当南瓜进入盛果期时,小麦等早已收获,故对南瓜影响不大。在菜田中,南瓜多与春播小白菜、春甘蓝间作,做成宽80厘米和150厘米的大小畦,大畦中栽早熟甘蓝、莴笋等,小畦中种植南瓜。另一种方式是南瓜与番茄套种,又称棚架南瓜,即把南瓜的播种期适当推迟,然后套种到番茄畦的一侧,待番茄进入生育中期时,将南瓜的蔓引到番茄的棚架上,这样可使架材两

用,节省成本和人工。另一种混作方式是在南瓜幼苗定植时,同时也栽入矮生菜豆的幼苗。因为菜豆生长较南瓜快,定植后17~18天即可结荚,还能起到为早熟南瓜遮蔽寒霜的作用,待南瓜长大时菜豆已经收获2~3次,可以拉秧给南瓜腾地。

笋瓜的栽培方式,除类似于南瓜的露地栽培外,还有多种保护地栽培方式,既可采用塑料大、中、小棚进行早春栽培,也可在日光温室中进行深冬茬(亦称长季节)栽培、冬春茬栽培和少量的秋冬茬栽培。深冬茬栽培,从播种到拉秧,生长期可长达180天左右。

2. 露地栽培技术

(1)整地与施肥 南瓜虽然对土壤条件要求不严格,但要想获得优质高产的产品,应将其种植在砂壤土或壤土中。在前茬作物收获后,要及时清洁田园,翻耕土地,以改良土壤的物理性状,从而提高地温,以利于植株早发。每667平方米撒施优质腐熟的农家肥4 000~5 000千克,再翻耙一遍,使肥土混合均匀,而后开排水沟和灌水渠,做畦。一般做爬地式的栽培畦,畦长6~7米,宽1.5~1.7米。

在南方栽培,由于春季多雨,夏、秋季干旱,所以要做深沟高畦,以利于排灌。畦宽因品种、前茬作物和栽培方式不同而有差异。一般畦宽(连沟)为1.5~1.7米,每畦可种2行。与其他作物间作,栽种越冬作物时,要预先留出种植南瓜的位置。

如果肥源较紧,可在种植南瓜的栽培畦或小畦中,每667平方米施用2 000~3 000千克腐熟农家肥。集中施肥后再深翻1次,使土和肥混合均匀。还有的地方按南瓜株行距挖定植穴(或称打窝子),穴宽40~50厘米,深13~16厘米,每667平方米施肥1 500千克,将粪肥施入穴内,并与穴内泥土混匀,等待移栽。

（2）**播种与育苗** 南瓜栽培有育苗移栽和露地直播两种方式。早熟栽培都进行育苗移栽，中、晚熟栽培适于直播。

①**育苗** 南瓜提早育苗、移栽，可以延长其生长适期，并有利于前、后茬口的安排，可获得高产和增加经济效益。

育苗设施有温床育苗、冷床育苗或塑料薄膜小拱棚育苗等方式，条件好的也可用电热畦育苗。温床育苗，是在育苗床中填充酿热物，最好用马粪，也可用一半马粪一半垫圈草。酿热物需在育苗前15～20天发好，早春时选晴天中午，把酿热物踩入床坑中，厚度为20～30厘米。踩平后填上床土，并密封床框。待床土化冻后，整平床土准备育苗。大部分地区主要是以冷床育苗或塑料小拱棚育苗。冷床育苗有的用普通阳畦的床框结构，上盖玻璃窗框或塑料薄膜，然后再覆盖草苫。也有用改良阳畦的，在北侧打1米左右高的土墙，南面覆盖半圆拱形的塑料薄膜棚，其上再覆盖草苫。塑料小拱棚育苗，一般棚高0.5米，宽1.2～1.5米，成本较低，但其昼夜温差大，保温性能不及冷床育苗。

第一，床土准备。播种前的10～15天，先将床土翻耕晒白，促使土壤风化。育苗床培养土配制比例是肥沃而无病虫害的园田土5份、腐熟堆肥3份、细沙或草炭2份，并加少量草木灰充分混拌均匀，铺成7～8厘米厚的床土。播种前1～2天，将床土耙细整平，浇足底水，水深8～10厘米，待水渗入后，再撒上筛细的1～2厘米厚培养土，划好8～10厘米见方的土块，然后在土块中央挖一小穴待播。有条件的地方，也可用直径为8～10厘米的纸袋、塑料筒或营养钵育苗，其效果更好。

第二，种子处理。准备播种前应将种子进行筛选，除去瘪籽和畸形籽，千粒重应达到该品种的要求，一般需达到140克以上。选晴天将种子晒1～2天，以增强种子的生活力。选好种后,把种子放入50℃水中烫种10分钟,不断搅拌,待水温降低至30℃时,再浸种3～4小时,搓净种皮上的黏液后用湿布包好,置于25℃～30℃的温度下催芽。经36～48小时,芽长为3～4毫米时即可播种。

第三,播种。播种时间随品种、地区及茬口安排等条件不同而异。南瓜的露地栽培的定植期必须在晚霜过后,否则会发生霜冻。它的苗龄一般为30天左右,所以适宜的育苗播种期为当地终霜期前30天左右。如杭州育苗播种期在2月下旬,上海在3月上中旬,成都在3月下旬,华北地区多在3月下旬至4月中旬。将发芽的种子放入营养土方的穴中,每穴1～2粒,然后均匀地撒上一层营养土盖住种子,床面上铺一层稻草,或放几根竹竿,再铺上塑料薄膜覆盖,起到保温保湿的效果。最后再盖上玻璃窗框,四周用泥将缝隙密封,夜间加盖草帘保温,以利于出苗。

第四,苗期管理。一般早熟品种苗龄为40～45天。白天应尽量争取光照,经常消除玻璃或塑料膜上的草屑和灰尘,增加照度和温度,使白天的苗床温度保持在25℃～30℃,夜间保持在12℃～15℃。当子叶拱土时要及时揭去床面上覆盖的塑料薄膜,同时通风降温,以防幼苗徒长,白天保持在20℃～25℃,夜间控制在10℃左右。当大部分幼苗出土时,可覆盖1厘米厚的培养土以保持湿度。南瓜育苗时的温度管理参见表2-3。

晴天温度高,可逐步拉开玻璃通风,由小到大。阴雨天少开窗。风大天冷时要避风向开,或者随开随关,以换风透气为主,不使冷空气直接影响瓜苗生长。随着气温的不断提高和幼苗的生长,秧苗应加强锻炼,在没有霜冻的夜间,苗床可以不盖草席,并适当控制水分,促进幼苗叶厚色绿,茎蔓粗壮。

表 2-3　南瓜育苗时的温度管理　（℃）

项　目		播种后1～7天		出芽后8～22天	
		发芽前	发芽后	前　期	后　期
气　温	白天	—	25～30	20～28	20～25
	夜间	—	12～15	15～20	10～15
地　温	白天	25～30	20～25	20～25	18～23
	夜间	18～20	15～20	15～20	10～15

对于用小拱棚薄膜覆盖育苗的,由于其保温性较差,昼夜温差大,所以夜间要加强保温,天气温暖的晴天晚上可盖一层草席,如遇寒潮或霜冻天气时,还需再盖一层薄膜,上面再覆盖一层草席防寒。棚内湿度过大时,要通风透光,适当换气,以免秧苗徒长和感染病害。

南瓜育苗分为子母苗和分苗两种方法。分苗法是在两片子叶展平时分苗。这样做的优点是节约育苗床的面积,节省种子。同时分苗时可以调整大小苗的位置,使幼苗生长整齐,而且可使幼苗节间短,不易疯长。分苗要选在晴天进行,苗可分在钵内,也可分在营养土块中,苗间距为7～9厘米见方,边分苗边浇水边将覆盖物盖好。在分苗后的两三天内要加强保温,促进早发根,夜间可以双层覆盖保暖。晴天中午如温度过高,可将草苫覆盖1～2小时,遮荫降温,防止子叶下垂。成活后逐步通风锻炼,培育壮苗。

当瓜苗长到2～3片真叶时,可进行蹲苗。蹲苗的目的是抑制幼苗徒长,促进根系发达,增强植株的抗性,并使之能逐步适应大田的栽培环境。蹲苗方法是:在蹲苗前一天浇透水,掌握以土坨不散也不过湿为宜。翌日,用花铲或薄片刀将土坨以幼苗为中心,切成7～9厘米见方的土块,切后放1天,然后按苗距10～12厘米排列好,并用细土将苗坨之间空隙填满。如遇阴雨天被淋湿而散坨,要继续关窗或盖好塑料薄膜。一般蹲苗后7～10天即可定植。定植时的壮秧标准是:地上部长有2～3片真叶,株高10厘米或稍高,叶片深绿,茎秆粗壮,根系发达布满土坨,无病虫危害。

②露地直播 晚熟栽培的南瓜以及十边地、宅旁零星地种植的南瓜,都在当地终霜期后直播。华北地区在4月下旬以后,长江中下游地区在4月上中旬进行。一般先催芽后直播,出苗较快,还可减少鼠害。干籽直播的方法也可以。具体方法是:在播种前先开穴,浇足底水,每穴直播种子3～4粒,水渗后再覆盖2厘米厚的细土,经七八天即可出苗。幼苗长出1～2片真叶时进行间苗,每穴选留2株生长健壮的秧苗,将那些不具本品种特性,或弱苗、畸形苗和病苗拔除。为了减少春季低温的威胁,有的地方在播种后夜间扣一泥碗保温,白天再将其揭开见光。或者在播种初期将土覆得厚一些,待出苗前将多覆的土去掉。如土壤墒情好,苗期一般不浇水,应进行多次中耕松土,并向幼苗周围培土。如果幼苗表现缺水时,可在距主茎基部20厘米处开沟浇暗水,水渗后再覆土。为了促使苗壮,也可在沟内每667平方米撒入10～15千克硫酸铵,然后浇水、覆土。

(3)定 植

①时间 南瓜根系生长得快,以小苗定植为宜。早熟栽培的,为了争取早上市,幼苗以2～3片真叶时定植。露地中、晚熟栽培,幼苗在2片真叶展平时即可定植。定植时要选下胚轴短粗、2片子叶肥大平展、颜色深绿、根系发达的壮苗为好。

定植的时间，一是要根据当地的终霜期早晚而定，早熟栽培的大多在 4 月中下旬，普通栽培的在 5 月上中旬；如果定植时有地膜覆盖或地膜小拱棚覆盖的设施，则可以提早 7～10 天定植。二是要根据茬口的衔接而定，如果是与五月慢油菜、莴笋、甘蓝等套种，则可在前作物收获前 1 个月定植。如不进行套种，需待前茬作物收获后才能定植。

②密度 采用爬地式栽培，畦宽为 1.82～2 米，每畦种植 1 行，株距 0.5 米，每 667 平方米栽 700～800 株。上海地区每 667 平方米种植 200 穴左右，每穴 2 株，共 400 株。棚架南瓜每 667 平方米为 300 余株。为节约土地，提高前期产量，可行支架式密植栽培，每 667 平方米种植 1 200～1 300 株。

③方法 定植时要挑选健壮的苗，淘汰弱苗、无生长点的苗、子叶不正的苗、散坨伤根的苗和带病的黄化苗。栽的深度不能过深，以避免瓜苗陷入穴内，引起积水烂根。但也不能过浅，以免造成根系外露而影响成活。一般栽苗深度，以子叶节平地面为宜。将苗放于定植穴中要及时覆土。定植后要及时浇水，提高成活率。定植时，还应在田边角处留一些备用苗，以供日后补苗之用。

现将上海地区南瓜间套种的几种类型以示意图介绍如下，供读者参考（图 2-3，图 2-4，图 2-5，图 2-6）。

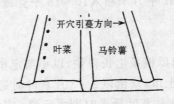

图 2-3 春土豆与叶菜隔畦套种南瓜排列示意图

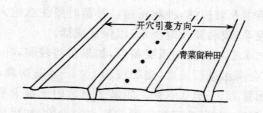

图 2-4　青菜留种田套种南瓜排列示意图

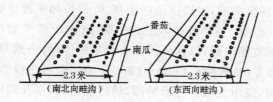

图 2-5　早熟番茄宽畦定植南瓜排列示意图

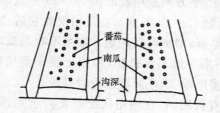

图 2-6　早熟番茄窄畦定植南瓜排列示意图

（4）田间管理

①查苗补苗保全苗　南瓜定植的株行距大,每 667 平方米栽植的株数较少,但单株产量高。如果缺苗,将会严重降低产量。在定植和缓苗过程中,由于人工操作不小心碰伤幼苗,或病虫害伤害幼苗,或因风力强劲刮断幼茎等造成缺苗,所以要加强查苗、补苗工作;对那些生长不良、叶片萎蔫发黄、缓苗

困难的苗须及时拔除,补栽新苗。补苗时要注意挖大土坨,尽量少伤根系,栽后要及时浇水,以保证成活。

②肥水管理　在南瓜缓苗后,如果苗势较弱,叶色淡而发黄,可结合浇水进行追肥,追肥可用1∶3～4的淡粪水,每667平方米用量250～300千克。如果肥力足而土壤干旱,也可只浇水不追肥。在南瓜定植后到伸蔓前的阶段,如果墒情好,尽量不要灌水,应抓紧中耕,提高地温,促进根系发育,以利于壮秧。在开花坐果前,主要应该防止茎、叶徒长和生长过旺,以免影响开花坐果。当植株进入生长中期,坐住1～2个幼瓜时,应在封行前重施追肥,以保证果实有充足的养分,一般每667平方米追施1∶2的粪水1 000～1 500千克。也可在根的周围开一环形沟,或用土做一环形的圈,然后施入人、畜粪和堆肥,再盖上泥土。这个时期如果无雨,应该及时浇水,并结合追施化肥,每次每667平方米施用硫酸铵10～15千克,或尿素7～10千克,或复合肥15～20千克。在瓜初次收获后,追施化肥,可以防止植株早衰,增加后期产量。如果不收嫩瓜,而以后准备采收老瓜,后期一般不必追肥,根据土壤干湿情况浇1～2次水即可。在多雨季节,还要注意及时排涝。

南瓜喜有机肥料,在施用化肥时要力求氮、磷、钾肥配合施用。施肥量应按南瓜植株的发育情况和土壤肥力情况来决定,如瓜蔓的生长点部位粗壮上翘、叶色深绿时不宜施肥,否则会引起徒长、化瓜。如果叶色淡绿或叶片发黄,则应及时追肥。

③中耕除草　南瓜定植的株行距都较大,每667平方米种植的株数较少,宽大的行间,水、肥适宜,光照又充足,气温不断地升高,使杂草很容易发生,所以从定植到伸蔓封行前,要进行中耕除草。中耕不仅可以疏松土壤,增加土壤的透气

性,提高地温,而且还可以保持土壤湿度,有利于根系发生。第一次中耕除草是在浇过缓苗水后,在适耕期进行,中耕深度为3～5厘米,离根系近处的可浅一些,离根远的地方深一些,以不松动根系为好。第二次中耕除草,应在瓜秧开始倒蔓向前爬时进行,这次中耕可适当地向瓜秧根部培土,使之形成小高垄,以便于雨季到来时排水。随着瓜秧倒蔓,植株生长越来越旺,逐渐盖满地面,就不宜再中耕了。一般中耕3～4次。但如封行前没有将杂草除尽,又进入高温多雨季节,更有利于杂草丛生,此时要用手拔除,以防止养分的消耗和病虫害的发生。

④整枝和压蔓

整枝:爬地栽培的南瓜,一般不进行整枝,放任其生长,特别是生长势弱的植株更不必整枝。反之,对生长势过旺,侧枝发生多的可以整枝,去掉一部分侧枝、弱枝、重叠枝,以改善通风透光的条件。整枝方法有单蔓式整枝、多蔓式整枝,也可不拘形式地进行整枝。单蔓式整枝,是把侧枝全部摘除,只留主蔓结瓜。一般早熟品种,特别是密植栽培的南瓜,多采用此法整枝。在留足一定数目的瓜后,进行摘心,以促进瓜的发育。多蔓式整枝一般运用于中、晚熟品种,在主蔓第五至第七叶节时摘心,留下二三个侧枝,使子蔓结瓜。主蔓也可以不摘心,而后主蔓基部留二三个强壮的侧蔓,把其他的侧枝摘除。不拘形式的整枝方法,就是对生长过旺或徒长的植株,适当地摘除一部分侧枝、弱枝,叶片过密处适当地打叶,这样有利于防止植株徒长,改善植株通风透光条件。

压蔓:在瓜秧倒蔓后,如果不压蔓就有可能四处伸展,经风一吹常乱成一团,影响正常的光合作用和田间的操作管理。通过压蔓操作可使瓜秧向着预定的方位伸展,同时可生出不定根,辅助主根吸收养分和水分,满足植株开花结果的需要。

压蔓前先行理蔓,使瓜蔓均匀地分布于地面,当蔓伸长0.6米左右时进行第一次压蔓,在蔓旁边用铲将土挖一个7～9厘米深的浅沟,然后将蔓轻轻放入沟内,用土压好,生长顶端要露出12～15厘米,以后每隔0.3～0.5米压蔓1次,先后进行3～4次。

对于实行高度密植栽培的早熟南瓜,则只需压蔓1次,甚至不压蔓。当它进入开花结瓜期,在已经有1～2个瓜时,可以选择1个瓜个大、形状好、无伤害的瓜留下来,顺便摘去其余的瓜,同时摘除侧蔓,并打顶摘心。打顶时,要注意在瓜后留两三片叶子,便于养分集中,加快果实的膨大。

利用早熟番茄的棚架套种南瓜,或者单独利用支架种植南瓜,均比爬地南瓜通风透光好,结瓜率高,瓜个大,品质好,可增产30%～40%。其整枝方式均需采用单蔓整枝法。

(5)人工授粉和植物生长调节剂的应用 南瓜是雌雄异花授粉的植物,依靠蜜蜂、蝴蝶等昆虫授粉。在自然授粉的情况下,异株授粉结果率占65%,本株自交授粉的结果率占35%。从人工授粉和自然授粉的效果看,人工授粉的结果率可达72.6%,而自然授粉的结果率仅有25.9%。所以,人工授粉对提高南瓜的结瓜率极为有利。特别是在南方栽培南瓜,开花时期,多值梅雨季节,湿度大,光照少,温度低,往往影响南瓜的授粉与结瓜,造成僵蕾、僵果或化果。所以采用人工授粉的方法,可以防止落花,提高坐瓜率。人工授粉的具体做法是:一般南瓜花在凌晨开放,早晨4～6时授粉最好。所以,人工授粉要选择晴天上午8时前进行,可采摘几朵开放旺盛的雄花,用蓬松的毛笔轻轻地将花粉刷入干燥的小碟子内,然后再蘸取混合花粉轻轻涂满开放雌花的柱头上,授粉以后,顺手摘1张瓜叶覆盖,勿使雨水侵入,以提高授粉效果。采用混合花粉授粉,有利于提高坐果率和果实质量。也有的将雄花采摘后,去掉花瓣直接套在雌花上,使花粉自行散落在雌花柱头上,或把雄蕊在雌花柱头上轻轻涂抹,这样也可达到人工授粉的目的。如遇阴雨天,则可把翌日才开放的雌花、雄花用发卡或细保险丝束住花冠,待翌日雨停时,将花冠打开授粉,然后再用叶片覆盖授过粉的雌花。

此外,在南瓜上也可应用植物生长调节剂。有报道认为,在南瓜长出3～4片真叶时,用乙烯利2 500倍液喷洒瓜苗,可促使瓜苗雌花早开,幼瓜早结。在南瓜花期,用20～25毫克/千克2,4-D溶液,涂于正开的雌花花柄上,可防止果柄脱落,提高结果率。

(6)地膜覆盖 为了提高地温,促进早熟,在采用育苗露地定植措施的基础上,覆盖地膜,效果很好。一般是在定植畦覆盖超薄地膜。覆膜前应将畦面整平整细,使薄膜与地面紧密接触,并将薄膜四周用土压严。覆膜后按株距开穴定植。

(7)采收和贮藏 早期瓜和早熟种南瓜在花谢后10～15天可采收嫩瓜;中晚熟种在花谢后35～60天才能采收充分老熟的瓜。采收嫩瓜后再通过加强肥水管理措施,促进植株继续开花结果,这样可分批分期上市。对于习惯食用老熟瓜的地区,要待果实达到生理成熟时采收。

嫩瓜采收时,要注意不损伤叶蔓,以免影响后期生长。对选留贮藏的瓜,则需要注意以下几方面。

第一,要选择老熟、无伤、无病的活藤瓜。凡由于人为碰伤、晒伤或因病虫害造成病斑、烂斑以及死秧的瓜和不成熟的瓜均不宜贮藏,可及时供应市场。

第二,采瓜时要轻拿轻放,不要碰伤,应连带瓜柄摘下。收瓜时最好是在连续数日晴天后的上午采收,阴雨天或雨后采收的瓜由于含水量高,不易贮藏。

第三,贮藏的场所应选择通风、阴凉的室内或棚内。存放方式最好是单层码放,瓜下面垫木板,防止潮湿,或者搭架分层存放。贮藏期内要经常检查,一般15～20天翻堆1次,及时拣除烂瓜,以防蔓延。只要贮藏方法得当,一般可贮藏3～4个月,也有长达半年之久的,可不断地陆续供应市场。

3. 保护地栽培技术

由于种植早熟的笋瓜品种具有良好的经济效益,特别是因其具有鲜艳的皮色和优良的口感,从而使其在保护地生产中具有较大的发展潜力。笋瓜的保护地栽培有多种方式,如采用地膜加小拱棚覆盖栽培,塑料大棚、中棚高产栽培,日光温室冬春茬立架栽培,日光温室秋冬茬栽培。现将其栽培技术要点简介如下。

(1)品种选择 在保护地种植笋瓜,应特别重视选择早熟、耐低温弱光、适应性强,具有连续坐果率高、品质优良、产量较高、经济效益好的优良品种。目前多采用的是笋瓜中被称为西洋南瓜的早熟、优质的品种群。其特点是瓜型较小,一般单瓜重750～1 500克,扁圆形或近圆球形,皮色墨绿、灰绿或橘红色,外形美观,粉质度高,食味优良,口感甚佳。生产中应用的品种有东升、穗比寿、栗白慢、锦栗、寿星、吉祥1号、京红栗、京绿栗等品种。

(2)适期播种,培育无病虫壮苗 在现代化温室或日光温室中进行长季节栽培,一般于8月下旬至9月中旬播种,冬、春季节栽培的可于1月下旬至2月中旬播种。利用塑料大、中、小棚作为南瓜生产的设施,在定植时应能保证10厘米地温稳定在12℃以上。因此,可根据这一要求向前推算25～30天,即为其适宜的播种期。

建好苗床,配制营养土。在播种前建成宽1.2～1.5米、深12厘米的育苗床。营养土可采用3份草炭、1份蛭石加入适量膨化鸡粪或膨化羊粪(1立方米配料中加入1～1.5千克)。或用未种过蔬菜的肥沃土壤6份与充分腐熟的有机肥4份混合掺匀备用。每立方米营养土中还可加入磷酸二氢铵0.5千克和50%多菌灵100克,混匀后装钵。营养钵直径为12厘米,最小不少于10厘米。将装好营养土的营养钵整齐地排放于苗床内。播种前1天或当天将苗床浇足底水。在播种前要精选种子,选留籽粒饱满、种皮富有光泽、完整的种子。淘汰杂籽、秕籽及虫蛀、带病伤、破碎的种子。播种前3～4天采用温汤浸种催芽,浸种与催芽方法同露地育苗方法。播种时每钵1粒,覆盖细潮土2～3厘米,搭小拱棚保温保湿,以利于出苗。为防鼠害,拱棚周围可散放灭鼠药(要严防人员和家畜、家禽误食)。当棚内温度保持在30℃～35℃时,经过2～3天即可出苗。当有70%～80%的幼苗顶出土面时,需开始通风。待有2片子叶展开后,白天温度控制在20℃～25℃,夜温控制在15℃左右。当长出3叶1心、苗龄达25～30天即可定植。

需要注意的是,冬春茬育苗正值严冬季节,主要措施是防寒保温,尽量增加光照时间,可以利用多重覆盖、电热线育苗、酿热温床等措施,培育适龄壮苗。秋冬茬育苗的季节是在夏末秋初之际,必须采取遮荫、降温、防晒和防蚜等措施,防止幼苗徒长和病虫害发生。

(3) 施肥和整地 为创造有机质丰富、疏松、通透性良好的土壤环境,应重视无害化有机肥的施用。在温室或大棚内前茬作物腾茬后,定植前的10～15天,每667平方米施入腐熟优质有机肥6 000～7 500千克,混施腐熟鸡粪500～1 000千克,过磷酸钙40～50千克,施肥后深翻耙平。在有条件的地方,要建好供水系统，铺设好滴灌带。在棚室中种植笋瓜，应采用南北向、立架栽培、单蔓整枝、宽窄行种植，畦面宽行距为100厘米，每畦栽2行，沟边的窄行距为60厘米，平均行距80厘米。

当采用小拱棚实行爬地种植时，可在定植前1周深翻土地，按沟距2米挖沟，沟深50厘米，宽60厘米，单行种植。或按沟距4米挖沟，沟深50厘米，宽80厘米，双行调埯种植。

（4）定植　栽培越冬茬和早春茬笋瓜时，必须在定植前10～15天扣好塑料薄膜，以利于提前在温室内整地、造墒和提高地温。栽培越冬茬笋瓜，在扣棚后深翻土地，开深沟浇水造墒，使土壤深层吃透水。浇水后进行高温闷棚，使棚内温度达到50℃以上，以杀灭棚内及土壤中的虫、卵及病菌，闷棚4～5天后加强通风、散湿。

栽培冬春茬南瓜的设施，如日光温室和大、中、小塑料棚均要求定植时棚内10厘米地温稳定在14℃以上，最低气温在5℃以上。

定植时选择晴天进行。摆苗时子叶方向一致，培土深度以保持苗坨与垄面相平为准。定植后须小沟浇水，水渗后盖地膜，而后破洞引苗，再将地膜两侧及洞口周围压土埋严。定植缓苗期间，一般无须通风，应维持较高温度，以加速缓苗。

（5）整枝引蔓　南瓜整枝方式有单蔓、双蔓和多蔓3种。在棚室中栽培宜采用立架、单蔓整枝法。单蔓整枝是只留主蔓，将其余侧枝全部去除，并将其主蔓引导缠绕到吊绳或支架上。当主蔓爬到架顶时，打去底部叶片，坐秧盘蔓，令其继续结瓜。长季节栽培时，也可用多蔓整枝的方法。当第一个瓜坐住后，将坐瓜节以下侧枝全部摘除，同时摘其顶心，待侧蔓结瓜后，再摘心促其发生侧枝、坐瓜。

（6）人工辅助授粉　在保护地栽培的条件下，蜂源极少，必须进行人工辅助授粉。笋瓜的雌花于凌晨开放,在清晨4～6时受精结瓜率最高。所以,人工授粉宜在上午9时前结束。1朵雄花可给3～4朵雌花授粉。在雄花缺乏时,也可使用防落素、坐瓜灵等植物生长调节剂喷花或涂在瓜柄上,以防止化瓜。

(7)**追肥和浇水** 当植株缓苗后,可结合浇水追肥1次,每667平方米追施尿素10～15千克。当第一个瓜进入膨大期,每667平方米追施磷酸二氢铵20千克或氮、磷、钾复合肥25千克,或追施膨化鸡粪20～30千克。在第一个商品瓜采收后,第二个瓜开始坐瓜时进行第三次追肥,追施腐熟人粪尿1000千克或氮、磷、钾复合肥25千克。以后再根据植株长势及结瓜情况进行分次追肥。在果实膨大期,进行叶面喷肥,喷施0.1%尿素加0.3%磷酸二氢钾。

注意抓好笋瓜的水分管理,在伸蔓前期适当浇水,伸蔓后、雌花开花坐果前要严格控制水分,以促进坐瓜。果实膨大时,要满足其对水分的需求,根据环境情况浇水,保持土壤湿润。

(8)**棚室内温、湿度条件控制** 棚室内温、湿度的管理以越冬茬笋瓜最为严格。从定植至缓苗期间要适当盖草苫,以保持较高的夜温。日出后气温上升时揭草苫,一般不通风。经3～4天缓苗后要逐渐早揭晚盖草苫,增加光照时间,加强通风,同时要保持白天温度,控制夜温。12月份温度降低时,要将第二层草苫备好待用。在深冬期间,要加强保温,严密封闭北墙通风窗,覆盖两层草苫。同时,根据天气情况适当通风,控制好通风口的大小和通风时间。此期要尽力改善光照条件,适时揭盖草苫,及时清扫薄膜上的灰尘与草屑等物。翌年2月份以后,温度逐渐升高,日照加长,充分利用揭盖草苫和通风口、通风窗的通风作用,使温度适合南瓜生长发育的要求。4月下旬逐渐揭去草苫,5月中旬可全部撤去草苫,晚上也应通风调温、调湿。

(六)南瓜选种留种

1. 隔　离

南瓜是雌雄异花同株的虫媒花作物,蜜蜂等昆虫是传粉授粉的媒介,所以要注意品种间的隔离,隔离距离应为500~1 000米,最好在1 000米以上。这种隔离不仅要注意南瓜的不同品种,而且还要注意和笋瓜(印度南瓜)的不同种间相互隔离的问题。因为笋瓜与南瓜的杂交结实率很高,如果把笋瓜做母本,南瓜做父本,其结果率可达39%左右;反之,以南瓜做母本,笋瓜做父本,结果率可达42%左右。这种杂交率的出现有利于育种工作,是增加培育新品种的途径,但给良种繁育带来了麻烦,需要注意它们相互间的自由杂交问题。其间的隔离距离也应在1 000米以上。南瓜和西葫芦(美洲南瓜)杂交,虽然也有一定的亲和力,但所结种子极少,西葫芦与南瓜杂交,则种子更少,甚至只得到仅有胚的不完全种子。所以,它们之间的隔离距离可以不予考虑。

2. 选　种

选种可分三步进行:第一步是在南瓜开花结果初期进行,选择具有本品种特性、生长健壮、抗病力强的植株。同时要注意选择节间短、雌花多、坐瓜早、子房端正的雌株。对于入选的种株要做好明显标志,插上竹竿或挂上标牌。在开花时要进行人工辅助授粉。每个入选的种株上可授粉2~3个瓜,对于非人工授粉而属自然授粉的瓜要及早摘除。第二步是在果实膨大盛期进一步根据植株形态表现及病虫害发生的情况,挑选具有本品种特性的瓜留种。在一棵种株上,早熟种雌花密,果小,每株可留3～4个种瓜;中熟种每株留2～3个;晚熟种大果型的可留1～2个。最好只留1个种瓜,并以第二个瓜做种瓜。为了提高采种量,也可以每株留2个瓜,其他的瓜及早摘除。第三步是在瓜老熟后连瓜柄剪下,进行后熟留种。这次选瓜要根据瓜的表面特征、种皮颜色、花纹表现进行选择。在掏籽前用打孔法或切开瓜进行观察,选择瓜肉厚、瓜瓤少、皮薄、味香、糖分高、淀粉多而发面的瓜留种,严格淘汰劣瓜,保证品种的质量和纯度。选留的瓜在达到生理成熟后采收。但收后不宜马上掏籽,最好后熟10～20天,让果实中的营养转移到种子中去,以提高种子的饱满程度和发芽率。

3. 留　种

将后熟的种瓜剖开,取出种子洗净晒干。也可以不经淘洗,直接取出籽粒晒干后,搓去浮皮取种。种子干燥后要存放在干燥的地方。在农村条件较差的地方,可将种子放于干净、无污染的瓦罐或有2层盖子的塑料桶等容器中,下面用生石灰包垫好,再将罐口封严。有的将种子放于口袋中,置于木板垫起的凉爽干燥地方。要加强专人保管,防止虫蛀、鼠害和受潮变质。

南瓜的采种量因品种而异,单瓜中的种子数量,少的数十粒,多的400余粒。千粒重也很不一致,小种子100～128克,大种子可达到160克。一般每100千克种瓜可收种子1～2千克。

三、苦　瓜

（一）概　述

　　苦瓜是一种特殊的果菜,因果实表面具有奇特的瘤皱,果肉内富含苦瓜苷,具有一种特殊的苦味而得名.各地苦瓜有许多不同的名称,如癞瓜、锦(金)荔枝、癞葡萄、癞蛤蟆、红姑娘、凉瓜、君子菜等。苦瓜原产于印度东部,约在明代初传入我国南方。苦瓜属于葫芦科苦瓜属的1年生蔓性植物。它的茎、叶、花和果实都很奇特,可作为观赏植物栽培,但由于它的营养价值和药用价值较高,一般作为蔬菜栽培。苦瓜以嫩果和成熟果实供食用,嫩果果肉柔嫩、清脆,味稍苦而清甘可口,这种特殊的口感风味,有刺激食欲的作用。成熟果实,苦味减轻,含糖量增加,但肉质变软发绵,风味稍差。另外,成熟果实内的血红色瓜瓤味甜清香,营养丰富,也可食用。苦瓜做菜肴的方法多种多样,一般以炒食为主,也可煮食、焖食、凉拌食,还可加工成泡菜、渍菜,脱水加工成瓜干,以长期贮藏供应冬、春淡季。

　　苦瓜不仅营养丰富,还有较高的药用价值。据有关资料,苦瓜的根、茎、叶、花、果实和种子均可供药用,性寒,味苦,入心脾胃,清暑涤热,明目解毒。

　　苦瓜在我国长江流域及其以北地区,以夏季栽培为主。近年来,一些科研单位引进国内外良种,推广先进的栽培技术,产量和品质有了明显提高,栽培面积一年比一年增大。可以预料,随着人民生活水平的不断提高,对苦瓜营养和医疗保健作用了解的深入,将进一步促进苦瓜产销的发展。

(二)苦瓜的生物学特性

1. 苦瓜的植物学特征

（1）根　苦瓜的根系比较发达,侧根很多,主要分布在30～50厘米的耕作层内,根群最深的分布在3米以上,最宽的分布在1.3米以上。根系喜欢潮湿,又怕雨涝。

（2）茎　苦瓜的茎为长蔓生,五棱形,深绿色,上被茸毛,茎上有节,节上有叶、卷须、花芽、侧枝。在主茎上一般第十叶节以上才开始发生雌花,侧枝上则发生早,在第一、第二叶节就有雌花。苦瓜的茎蔓分枝能力极强,几乎每一节叶腋间都能萌发侧芽而成为子蔓,子蔓上萌芽生成孙蔓,孙蔓上还能生成曾孙蔓。主蔓细,长可达3～4米,形成比较繁茂的茎叶系统。因此,栽培技术上必须重视整枝打杈环节,尤其对植株主蔓下部1～1.3米以下的侧芽、侧枝必须及时摘除。

（3）叶　苦瓜为子叶出土,一般不行光合作用。发生初生叶1对,对生,盾形,绿色。真叶为互生,掌状,浅裂或深裂的裂叶,叶面光滑,深绿色,叶背浅绿色,一般具5条明显的放射状叶脉。连接叶片与茎间的一段为叶柄,叶柄较长,有沟,黄绿色。

（4）花　苦瓜花为单性,雌雄同株异花。植株上一般先发生雄花,后发生雌花。雄花多,雌花少。雌花发生节位的早晚,因品种而异。一般在主蔓上第十至第十八叶节着生第一朵雌花,此后间隔3～7叶节又着生雌花。雌花为子房下位,子房较长,花柄更长,柄上有一苞叶。花冠5裂,黄色。雌蕊柱头5～6裂。雄花较少,花冠为钟形,花瓣5片,鲜黄色,雄蕊5枚,分离,具5个花药。花冠下有萼片5片,绿色。花柄细长,柄上着生盾形苞叶,绿色。

（5）果实　苦瓜的果实为浆果。果表面有许多不规则的瘤状突起,果实多数为纺锤形和长圆锥形或短圆锥形。嫩果为深绿色或淡绿色。随着生理成熟度的增加,表皮转为发亮的绿白色,逐渐变至黄红色。达到红熟的果实,顶部极易开裂,露出血红色的瓜瓤,瓤肉内包裹着种子。一般每瓜有20～50粒种子。

（6）种子　苦瓜的种子较大,扁平,呈龟甲状,表面有似雕刻的花纹,白色或棕褐色。种皮较厚,坚硬,吸水发芽困难,播种后出土时间较长。一般种子千粒重150～200克。在常温贮藏条件下,发芽年限3～5年。

2. 苦瓜的开花结果习性

苦瓜植株经过发芽期、幼苗期、抽蔓期,达到一定叶片数和光合作用叶面积便开花结果。苦瓜是陆续开花结果、陆续采收的蔬菜。在春季栽培,可连续采收到下霜前。在无霜冻的地区,采收时间更长。在无霜期内,一般植株主蔓长到第四至第六叶节便开始发生第一朵雄花,长到第十至第十四叶节才发生第一朵雌花,以后每一叶节都发生雄花或雌花。一般发生雄花较多,每间隔3～6叶节发生1朵雌花或连续发生2朵以上雌花。苦瓜主蔓上雌花结果率有随着节位上升而降低的倾向,产量主要靠第一至第四朵雌花结果。所以,摘除侧蔓减少养分的消耗,有利于提高主蔓的结果率,有利于集中养分增加产量。在正常情况下,每一主蔓或侧蔓的每一叶节,大多能发生侧蔓或次侧蔓,一般侧蔓上第一叶节就开始生花,多数侧蔓连续发生许多雄花后才发生雌花,所以苦瓜的结果数比较少而分散。因此,栽培苦瓜应重视整枝打杈、肥水供给、控制营养,才能提高产量和品质。

3. 苦瓜对环境条件的要求

（1）温度　苦瓜起源于热带,要求较高的生长温度,较耐热而不耐寒。但通过长期的栽培和选择,适应性较强,10℃～35℃均能适应。在结果盛期,夏季高温往往在30℃以上,苦瓜却生长繁茂,果实累累;到结果后期,气温降低到10℃左右时,仍能继续采收嫩瓜,直至初霜降临。苦瓜种子萌芽的适温为30℃～35℃。苦瓜种皮虽厚,但在40℃～50℃温水中浸种4～6小时,在适温下催芽,经过48小时开始萌芽,60小时便有70%以上的种子萌芽。在20℃以下发芽缓慢,13℃以下发芽困难。在25℃左右发芽快而粗壮,经15～20天便可育成具有4～5片真叶的壮苗。在15℃以下的低温和12小时以下的短日照条件下,能促使第一朵雌花的节位提前。苦瓜开花结果的最适温度为25℃左右。在15℃～25℃范围内,温度越高越有利于苦瓜植株的生长发育,结果早而多,产量高,品质也好。

（2）光照　苦瓜属于短日照植株,喜光不耐阴,但经过长期的栽培和选择,已对光照长短的要求不太严格,这也是它适应性广的表现之一。春播苦瓜,常常遇到低温阴雨,光照不足,使幼苗徒长,叶色发黄,茎蔓细弱,严重者发生饥饿死苗。开花结果期需要较强的光照,充足的光照有利于光合作用,多积累有机养分,可提高坐果率,增加产量,提高品质。

（3）水分　苦瓜喜湿怕雨涝。在生长期间要求有70%～80%的空气相对湿度和土壤相对湿度。如遇较长时间的阴雨连绵天气,或暴雨成灾排水不良时,植株生长不良,极易感病烂瓜,重者发病致死。

（4）土壤营养　苦瓜对土壤的要求不太严格,故其适应性广,南北各地均可栽培。一般以在肥沃疏松、保水保肥力强的壤土上生长良好,产量高。苦瓜对肥料要求较高,如果有机肥充足,植株生长粗壮,茎叶繁茂,开花结果多,瓜肥大,品质好。特别是生长后期,若肥水不足,则植株衰弱,叶色黄绿,花果少,果实细小,苦味增浓,品质下降。结果期要求及时追肥,特别在结果盛期,要求追施充足的氮、磷肥。

(三)苦瓜的类型和品种

苦瓜的类型,按瓜皮颜色分,有青(绿)皮苦瓜和白皮苦瓜两种类型。按果实形状分,有短圆锥形、长圆锥形、长圆筒形3类;按果实大小分,有大型苦瓜和小型苦瓜两大类型。现在我国各地栽培的苦瓜,大都属于大型苦瓜类型。其果实的主要特点是:呈圆筒形,两头稍尖,一般长16～49厘米,横径5～7厘米。每个瓜所含种子较少,主要集中分布在果实中下部位。在果实成熟时,极易开裂掉出种子。果实表面的瘤状突起细密美观,果皮的颜色随着果实发育成熟的不同时期而变化,一般在幼果期为深绿色,到商品成熟期变为绿色、绿白色或白色,到了生理成熟期,均为红黄色。小型苦瓜的特点是:果实呈短纺锤形或圆锥形,一般长6～12厘米,横径5厘米左右,果皮颜色有绿白色和白色两种。到生理成熟期,均为金黄色,果肉较薄,种子发达,苦味较浓,产量不高。

长江以南的广东、广西、福建、台湾、江西、海南、四川、湖南等地栽培较为普遍,品种资源丰富。近年来,北方各地特别是大城市郊区,栽培越来越多,通过引种、驯化和育种,形成了各地自己的地方品种。

1. 滑身苦瓜

广东省广州市地方品种。植株攀缘生长,分枝力强,侧蔓多,叶近圆形,深绿色,掌状5～7裂。花单性,雌雄同株,主蔓上第八至第十二叶节着生第一朵雌花,此后间隔3～6叶节又着生1朵雌花。果实为长圆锥形,有整齐的纵沟条纹和相间的瘤状突起,外皮青绿色,有光泽,肉厚1.2厘米左右,肉质稍致密,味微苦,品质好。耐贮运。一般单瓜重250～300克。较耐热。适应性强,在南方适于春、夏、秋3季栽培。

2. 长身苦瓜

广东省广州市地方品种。植株长蔓生,分枝力强,叶片较薄,近圆形,黄绿色,掌状5～7深裂。单性花,雌雄同株异花,一般主蔓上第十六至第二十二叶节着生第一朵雌花,此后每间隔1叶节又发生1朵雌花。果实为长圆筒形,顶端稍尖,有纵沟纹与瘤状突起,一般果长约30厘米,横径5厘米左右。外皮绿色,肉厚约0.8厘米,肉质较致密、较硬,味甘苦,品质好。较耐贮运。一般单瓜重250～600克。较耐寒,耐瘠薄,具有较强的抗逆性。适于春季露地栽培。

3. 大顶苦瓜

又名雷公凿。广东省广州市地方品种。植株生长势和分枝力强,侧蔓多,叶片掌状5～7深裂,黄绿色。主蔓第八至第十四叶节开始着生第一朵雌花,此后每隔3～6叶节又出现雌花。果实为短圆锥形,一般长约20厘米,肩宽11厘米左右。外皮青绿色,不规则的瘤状突起较大。果肉厚1.3厘米左右,味甘,苦味较轻,品质优良。单果重0.3～0.6千克。耐热,耐肥,适应性强,但不耐涝。在南方适于春、夏、秋季栽培。一般春季栽培的产量最高。每667平方米产量1500千克左右。

4. 夏丰苦瓜

由广东省农业科学学院经济作物研究所育成。植株长蔓生,生长势强,分枝力中等。主蔓上第一朵雌花发生的节位较低,主侧蔓着生的雌花均多,可陆续开花不断收获,采收期可持续35～40天。果实为长圆锥形,长约21.5厘米,肩宽为5.4厘米,外皮浅绿色,具条纹和相间的瘤状突起,果肉厚约0.81厘米,味甘,苦味轻,品质中等。单果重200～250克。早熟,耐热,抗病,耐湿性强。适于夏、秋季栽培。

5. 夏雷苦瓜

由华南农业大学园艺系育成。植株攀缘生长,生长势强,夏季栽培的主蔓可长达4～5米,分枝力强,侧枝多,主侧蔓均能结瓜。果实一般为长圆筒形,长16～19厘米,横径4.2～5.4厘米,外皮翠绿色,有光泽,具较密而粗大的瘤状条纹。瓜条整齐,畸形瓜少,果肉厚0.5～0.8厘米,苦味轻,品质中等。一般单瓜重150～250克。中熟。耐热,耐涝,抗枯萎病能力强。适于夏、秋季栽培。

6. 穗新1号

由广东省广州市蔬菜研究所育成。植株攀缘生长,长势旺,分枝力强,侧蔓多,主侧蔓均能结瓜,有雌花连续着生的习性,一般主蔓上第七至第十五叶节开始着生第一朵雌花。果实为长圆锥形,长16～25厘米,果肩较平,肩宽5.5～6厘米。果外皮深绿色,有光泽,具较粗大的纵条纹和相间的瘤状突起,外形美观。肉较厚,苦味轻,品质佳。一般单果重300～500克。早中熟,适应性强,丰产性好,收获期可持续50～60天。每667平方米产量约2 000千克。适于夏、秋季栽培。

7. 扬子洲苦瓜

江西省南昌市扬子洲乡农家品种。至今已有100多年的栽培历史。因其果面瘤状突起大而稀,很奇特,故又名大纹苦瓜。植株长蔓生,生长势和分枝力强,侧蔓多,叶片掌状深裂,深绿色。单性花,雌雄同株异形。主蔓上第二十叶节开始着生第一朵雌花。果实为长圆筒形,长53～57厘米,横径7～9厘

米,果皮绿白色,果面有粗大而稀疏的瘤状突起。果肉厚1.3~
1.9厘米,肉质脆嫩,色泽光亮,苦味轻淡,品质优良。一般单
果重750克左右,最大的可达1500克。中熟,耐热,耐湿,抗
病,高产。一般每667平方米产量2000~3500千克,最高的达
5000千克。

8. 大白苦瓜

由湖南省农业科学院园艺研究所育成。植株长蔓生,生长
势和分枝力强,侧枝多,叶大,掌状深裂,浓绿色。果实为长圆
筒形,一般长60~66厘米,横径5厘米左右,外皮白绿色,有不
规则细密的瘤状突起,肉较厚,种子少,苦味淡,品质优。一般
单瓜重250~300克。中熟,耐热,耐湿,抗病,丰产。适于春、夏
季栽培。

9. 株洲1号苦瓜

由湖南省株洲市农业科学研究所育成。植株攀缘生长,生
长势旺,分枝性强,叶掌状5裂。第一朵雌花着生于第十七叶
节左右,此后连续2~3叶节或间隔3~4叶节又发生1朵雌
花。果实为长圆筒形,一般长70~80厘米,横径5.4~6.5厘
米。外皮绿白色,密布瘤状突起,果肉厚0.8厘米左右,肉质脆
嫩,苦味轻淡,品质优良。一般单瓜重300~600克,最大的可
达1500克。中熟,耐热,耐湿,耐肥,抗病性强,较稳产高产。一
般每667平方米产量3000~5000千克。宜于春、夏季栽培。

10. 蓝山大白苦瓜

由湖南省蓝山市育成。植株攀缘生长,生长势旺,分枝力
强,叶掌状5裂,深绿色。主蔓上第十至第十三叶节开始着生
第一朵雌花,此后可连续或间隔1叶节又着生1朵雌花。果实
为长圆筒形,一般长50~70厘米,最长的可达90厘米,横径
7~8厘米,最大的可达10厘米。果外皮乳白色,有光泽,并具

大而密的瘤状突起,果肉较厚,白色,脆嫩,苦味轻,品质优。一般单瓜重0.75~1.75千克,最大的可达2.5千克。中熟,耐热,抗病力很强,适应性很广,产量高。适于春、夏季露地栽培。

11. 独山白苦瓜

贵州省独山县地方品种。植株长蔓生,生长旺,分枝力强,叶掌状,5裂,深绿色。主蔓上第十三叶节前后开始着生第一朵雌花,此后每隔3~5叶节又出现雌花。果实为长纺锤形,外皮在商品成熟时为浅白绿色,老熟时为乳白色,有光泽,表皮有不规则的大而密的瘤状突起。果肉较厚,肉质致密,苦味淡,品质好。一般单瓜重300克左右。晚熟,耐热。适于夏、秋季栽培。

12. 长沙海参苦瓜

湖南省长沙市地方品种。植株攀缘生长,生长势和分枝力强,侧蔓多,叶掌状,7裂,裂刻较深,叶色深绿。主蔓上第十九叶节前后开始着生第一朵雌花。果实为长纺锤形,外皮浅绿色,成熟时变成橘黄色,表面有明显的棱,密布瘤状突起。果肉较厚,肉质脆嫩,苦味轻。一般单瓜重为200~250克。晚熟,耐热,丰产。适于夏、秋季栽培。

13. 贵阳大白苦瓜

贵州省贵阳市地方品种。植株长蔓生,生长势旺,分枝力强,侧蔓多,叶掌状5裂,裂刻较浅,淡绿色。主蔓上第十一至第十五叶节开始着生第一朵雌花。果实为长圆筒形,外皮白绿色,表面有较稀少的瘤状突起。果肉厚,绿白色,肉质脆嫩,品质好,微苦。单瓜重200~300克。中熟,耐热,适宜于春、夏季露地栽培。

14. 独山青皮苦瓜

贵州省独山县地方农家品种。植株攀缘生长,生长势较弱,分枝力稍差,以主蔓结瓜为主,叶掌状5裂,裂刻较浅,浅绿色。主蔓上第八至第十叶节开始着生第一朵雌花,有连续着生雌花的习性。果实为短纺锤形,外皮深绿色,有粗大而稀的瘤状突起。果较小,果肉较薄,肉质致密,苦味较浓,品质中等。单果重100～200克。中熟,耐热,抗病性差,结果少,产量较低。适于夏季栽培。

15. 汉中长白苦瓜

陕西省汉中地区农家品种。植株蔓生,主蔓可长达4米左右,生长势和分枝力强,叶掌状,深裂,浓绿色。主蔓上第十二至第十五叶节开始着生第一朵雌花,此后隔3～5叶节又着生雌花。果实呈棒状,一般长35～50厘米,横径5～6厘米,外皮白绿色,有细密的瘤状突起。果肉较厚,白色,肉质脆嫩,苦味轻,品质好。单瓜重250～350克。中熟,耐热,抗病。适于春、夏季栽培。

16. 翠绿1号

广东省农业科学院蔬菜研究所1993年育成的大顶类型苦瓜一代杂种。植株生长势强,适应性广,雌花发生早且多,以主蔓结果为主。单瓜重400克,瓜长16～18厘米,横径8～10厘米,肉厚1.2厘米左右,瓜呈圆锥形,条和圆瘤相间,皮色翠绿,有光泽。耐寒性、抗逆性强。早熟性好,适宜春、秋季种植。从播种至初收,春种70天,秋种约45天。每667平方米产量2 500千克。

17. 穗新2号

广东省广州市蔬菜研究所于1985年育成。植株生长势旺,分枝力强,耐热性好。主侧蔓均可结果。瓜皮色绿,且有光泽,瓜面瘤状突起,呈粗条纹状,长圆锥形。瓜长15～20厘米,瓜肩宽5～7.5厘米,瓜厚1厘米以上,甘苦味适中,肉质脆嫩,口感好。单瓜重240~450克。早熟,丰产,耐热性好,适应性强。从播种至初收,春种为90天,夏、秋种为50天。

18. 湘苦瓜2号

湖南省蔬菜研究所选育的一代杂种。株高300厘米以上,植株长势旺,主蔓第一朵雌花着生在第十叶节,上棚后以侧蔓结瓜为主。瓜条长棒形,瓜长40~50厘米,横径5.4厘米,单瓜重350~450克。瓜肉厚1.1厘米,瓜面有瘤状突起。商品瓜瓜皮浅绿白色,老熟瓜果顶部为橙红色,易开裂。早中熟,从定植到采收50天。既耐热,又较耐寒,采收期长,在长沙地区采收期可达5个多月。抗枯萎病和病毒病。

19. 湘苦瓜3号

湖南省长沙市蔬菜研究所育成的一代杂种。植株分枝性强,主蔓长5.5米。在主蔓第十叶节出现第一朵雌花,雌花节率45%~55%。瓜皮绿白色,长纺锤形,果面肉瘤突起,瓜长28厘米,横径5厘米,单瓜重300~400克。肉质脆嫩,微苦,风味好,瓜条匀称。耐寒性强,早熟性状好,抗枯萎病、霜霉病和病毒病。每667平方米产量3500~4000千克。

20. 大肉1号

广西壮族自治区农业科学院蔬菜研究中心育成的一代杂种。1999年通过广西壮族自治区农作物品种审定委员会审定。植株生长势旺,分枝性强,主侧蔓均可结瓜。主蔓第一朵雌花着生于第七至第八叶节,中部侧蔓第二至第三叶节开始着生雌花。瓜圆筒形,长30~50厘米,粗10~13厘米,瓜肉厚1~1.5厘米,单瓜重500~750克。瓜皮淡绿色,大直瘤,肉质疏松,味甘微苦,品质好。每667平方米产量2500~3500千克。

21. 宝鼎 1 号

华南农业大学种子种苗研究开发中心选育的一代杂种。果形金鼎状,长约 16 厘米,肩宽约 10 厘米,单果重 500～600克。皮色翠绿,瓜条粗直,肉厚,味苦甘,特别适合香港市场销售。耐热,耐湿,抗病性强,不易早衰。坐果均匀。属于中熟品种。每 667 平方米产量 3 000 千克。

22. 小 苦 瓜

山西省夏县农家品种。植株攀缘生长,生长势较弱,分枝力很强,侧枝多。叶掌状 5 裂,裂刻较深,叶色浅绿。主蔓上第十至第十五叶节开始着生第一朵雌花,雌花的坐果率较高。果实为短圆锥形,外皮绿色,成熟后变为黄红色,果面有不规则的尖瘤状突起,果肉很薄,种子发达,成熟时瓜瓤为血红色。苦味较浓,品质差,果实较小,单果重 50～100 克。中熟,耐热,抗病,产量很低。适宜作观赏栽培。

（四）栽培季节及茬口安排

苦瓜适应性广,喜温,耐热,喜湿润,怕雨涝,耐肥,不耐瘠。在条件适宜时,能连续开花结瓜,陆续收获。所以,不管在南方或北方,基本为一年一季栽培。但各地因接茬口不同,播种期不同,北方的无霜期较短,多作为春、夏播栽培;南方特别是华南地区,无霜期较长,可作为春、夏播或秋播栽培,以春、夏播为主。春、夏播栽培一般可在当地终霜期以前 30～50 天提早在保护地内播种育苗,到终霜后定植到露地。秋播栽培的,也可根据需要在定植前 15～25 天在露地保护育苗。以北京为中心的华北地区,一般在 3 月中下旬于保护地育苗,到 4月下旬至 5 月上旬定植到露地,6 月下旬开始收获,一直采收到初霜来临。近年来,为了提早供应,提高产量,有少量塑料大棚套种栽培,可提早半个月到1个月上市,产量可提高200~500千克,经济效益比较好。

随着保护地设施的不断增加以及栽培技术的提高,苦瓜已由以前单一的露地栽培转向保护地与露地栽培相结合的方式进行栽培。根据保护地设施的不同性能,苦瓜栽培可分为早春茬、秋冬茬和冬春茬3个茬口,可采用小拱棚、大棚或日光温室等设施栽培。

在夏季利用冬棚温室进行高效栽培的立体种植模式中,可将苦瓜栽培在温室南侧,苦瓜顺棚架爬蔓,棚下栽芹菜,或者在棚下种植蕹菜、芫荽、油菜等作物。

(五)露地苦瓜栽培技术

1. 播种育苗

培育壮苗,是栽培苦瓜获得高产优质的重要基础。苦瓜种子萌芽比较困难,适宜的地温是培育苦瓜壮苗的关键。所以,春夏茬苦瓜育苗以采用电热畦育苗最为理想。具体做法请参照冬瓜电热畦育苗。

2. 田间定植

(1)整地施肥做畦　苦瓜忌连作。要选择近年未种过苦瓜的地块,在头年进行1次深翻耕,经过1个冬春的风化晒垡,开春后便开始做排水、灌水沟渠,整地施肥。基肥充足是丰产的保证,所以在做畦前必须施足有机肥,一般按每667平方米撒施农家杂肥4 000~5 000千克,撒肥后应进行1次浅耕,使肥与土掺匀,然后做扇和栽培畦。一般做成宽165厘米的平畦或高畦,畦长660厘米左右,每667平方米约做成60个畦。如果是零星栽培的,可做成瓜沟、瓜堆、瓜穴,在沟、堆、穴内施基肥;若是接茬地,并留有前茬作物,则需要按苦瓜定植行距的要求留下空行,做好深耕施底肥的准备工作。

（2）**幼苗定植**　当幼苗长至4～5片叶,终霜过后便可定植。北京地区在4月下旬至5月上旬定植于露地。一般每畦栽2行称为一架,株距为33～50厘米,每667平方米栽苗1 600～2 400株。栽苗深度,以幼苗子叶平露地面为宜。栽苗时要注意挑选壮苗,淘汰无生长点的苗、虫咬伤苗、子叶歪缺的畸形苗、黄化苗、病苗、弱苗和散坨伤根的苗。栽苗后一定要及时浇定根水,以促使尽快缓苗,早发棵,早结果。

3. 田间管理

（1）**中耕除草**　苦瓜为长蔓生蔬菜,通常采取插高架爬蔓栽培法,前期要注意中耕松土,后期要重视拔除杂草。一般在定植浇过缓苗水之后,待表土稍干不发黏时进行第一次中耕,如果遇大风天或土壤过于干旱,则可重浇1次水后再中耕。第一次中耕时,要特别注意保苗,瓜苗根部附近中耕宜浅,千万不准松动幼苗基部,距苗远的地方深耕3～5厘米,行间可更深些,这样有利于提高土壤温度和增加土壤通透性,促进瓜苗根系的发育和瓜蔓的生长。第二次中耕,可在第一次之后10～15天进行。如果地干,可先浇水,后中耕,这次中耕要注意保护新根,宜浅不宜深。当瓜蔓伸长到半米以上时,根系基本布满全行间,再加上畦中已经插了架,则不宜再中耕。但要注意及时拔除杂草,防止野草丛生,以改善田间通风透光条件和减轻病虫害。在第一次中耕松土时,如发现有缺苗或病苗、断苗,要及时补栽,以保全苗。

（2）**及时插架**　定植缓苗后,当瓜秧开始爬蔓时,应及时插架。一般大面积栽培时,以插人字架为宜。这种架的支撑力大,抗风力强。插篱架也可,但篱架有时易被大风吹倒。在庭院或宅旁栽培苦瓜,可搭成棚架或其他具有特殊风格的造型架,既可美化环境,又可供夏季消暑乘凉,观赏花果,别有情趣。

(3)整枝打杈 一般苦瓜植株任其自然生长也能开花结果,但由于苦瓜主蔓的分枝能力极强,如果植株基部侧枝过多,或侧蔓结果过早,便会消耗大量营养,妨碍主蔓的正常生长和开花结果。因此,必须整蔓打杈,摘除多余的或弱小的支蔓,以集中营养确保主蔓生长粗壮、叶片肥大,并为茎蔓上部萌发新蔓和开花结果积累更多的养分。苦瓜整蔓打杈的具体做法是:在定植缓苗后,植株爬蔓初期,可进行人工绑蔓一两道,以引蔓上架,并应随时将主蔓上的1米以下的叶腋侧芽或侧蔓摘掉。即使需要留下少数粗壮的侧蔓,也应根据品种、位置、长势等情况,选留几条最粗壮的侧蔓让其开花、结果,其他弱小侧蔓均应摘除。到中期,蔓叶繁茂,结瓜也多,一般放任生长,不再打杈。到了生长后期,由于植株开始衰老,要注意摘除过于密闭、弱小的侧蔓及老叶、黄叶、病叶,以利于通风透光,延迟采收期。

(4)肥水管理 苦瓜的雌花较多,可连续不断开花结果,陆续采收,收获期可延长到初霜来临。所以,苦瓜一生消耗水肥量大,除施足底肥外,在进入结瓜中后期时,要及时追肥,以补充营养供给。一般在进入收瓜期以后,在无雨情况下,应7~10天浇1次水,并每隔1次清水随水浇施1次化肥,每667平方米施尿素10~15千克,或硫酸铵15~20千克,或其他复合肥10~15千克。在盛瓜期也追施2~3次磷肥,每次可用过磷酸钙10~15千克。在高温炎夏一般不宜用粪稀,在结瓜前期和后期,气温较低时可用20%的粪稀浇灌。在结瓜的中后期,如不注意及时追肥而发生脱肥,则植株生长瘦弱,叶色黄绿,侧枝细弱,结瓜少,瓜个小,产量低,苦味浓,品质差。

4. 适时采收

苦瓜采收的成熟标准不太严格,嫩瓜、成熟瓜均可食用。但一般为了保证食用品质和增加以后的结瓜数,提高产量,多采收中等成熟的瓜。开花后12～15天为适宜采收期,应及时采收。瓜的直观表现是:青皮苦瓜已充分长成,果皮上的条状和瘤状粒迅速膨大并明显突起、饱满、有光泽,顶部的花冠变干枯、脱落;白皮苦瓜除上述特征外,其果实的前半部分明显地由绿色转为白绿色,表面呈光亮感时,为采收适期。采收过嫩的苦瓜,瓜个未充分长成,瓜肉硬,营养积累不足,苦味浓,产量低。采收过熟的苦瓜,其顶部转变为黄色或橘红色,肉质软绵,苦味变淡、稍甜,但品质降低。采收时,因苦瓜的瓜柄很长,长得很牢固,用手撕摘时极易撕裂或损伤植株或叶片,必须用剪刀从果柄基部剪下。采收时间以早晨露水干后为宜。产量高低与采收期长短成正相关,并因栽培地区、品种、季节、管理等条件不同而有很大的差异。一般在正常条件下,每667平方米产量1 500～2 000千克,最高可达5 000千克。

5. 留种与采种

苦瓜虽属葫芦科虫媒花的蔬菜,但其雌花不易与其他瓜类杂交。同时苦瓜的品种相对较少,所以,苦瓜的选留种可结合生产在大田里进行选择。在计划留种的地块里,以栽培单一品种的苦瓜为宜。

(1)选种　首先是在田间进行严格的株选。在结瓜盛期前,选择植株生长健壮、结瓜多、无病虫害,其茎、叶、花、瓜均具该品种特征的植株,并做好标记。然后,在植株选择的基础上,进行严格的瓜选。选留苦瓜种瓜,必须在已选定的种株上进行,应选留植株中部所结的瓜,并从中选择生长发育快,瓜体粗长,瓜形端正,无病虫害,瓜瘤状突起的粗细、稀密、颜色、形状等均具有该品种特征的瓜,并做好标记。每棵植株上可选留 3～5 个种瓜。其余的瓜全部摘除,以集中全部营养供给种瓜种子发育所需。

（2）采种　通过株选和瓜选所选中的种瓜,达到生理成熟时即采收。其直观表现:种瓜的顶部由绿色转变成黄色或橘黄色,瓜个发足,表皮光亮。如采收过早,种子未充分发育完熟,会降低种子的发芽力。此时补救的办法是:将种瓜放在室温下后熟数天,然后掏籽。采收过迟,则瓜的顶部自然开裂,瓜瓤和种子会自动掉落。将适时采收的种瓜,用刀纵向切为两半,取出里面的瓜瓤和种子,用清水冲洗去瓤肉,将沉于水底的种子晾干。晾晒时不要放在水泥地面上,不能让强光直射和烈日曝晒,否则会降低甚至丧失发芽力。一般每个种瓜可收到种子10多粒至数十粒,品质越好的瓜,其种子越少。植株上部的瓜,即后期结的瓜,种子多,但质量差,不适宜采种。苦瓜种子适宜放在冷凉干燥、通风良好、无鼠害和虫害的房内保存。种子忌密闭贮藏,否则容易失去发芽力。

（六）保护地苦瓜栽培技术

1. 品种选择

在小拱棚短期覆盖栽培、大棚和日光温室的春提早、冬春茬栽培时,应选择高产抗病的中、早熟品种,如长白苦瓜、大顶苦瓜、滑身苦瓜、翠绿1号、湘苦瓜1号、湘苦瓜2号等。特别是在日光温室进行冬春茬栽培时,尤需选择耐低温、耐弱光、长势好和结果性强的早熟或中早熟品种。

保护地秋延后或秋冬茬栽培时,宜选用适宜当地气候,抗性较强、商品性状能满足市场要求,并且耐热性较强的品种,如碧绿 2 号、穗新 2 号、夏丰 3 号等。

2. 育　苗

播种期应根据当地气候条件和保护地设施条件以及栽培技术水平确定。一般小拱棚短期覆盖栽培的定植期要比春茬露地栽培定植期提前 15～20 天。因此,其播种期也相应提前。塑料大棚春提早栽培,在北京地区于 2 月上中旬播种。日光温室早春茬的播种期为 1 月上中旬,2 月中旬前后定植。培育壮苗是保护地栽培的重要基础工作。育苗需采用营养钵并配制营养土。在寒冷季节,可用电热温床育苗。种子要进行浸种催芽,浇透底水后播种覆土,覆盖地膜,保持日光温室的温度在 30℃。苗出齐后,白天温度保持 20℃～25℃,夜温保持在 14℃～16℃。定植前 7～10 天进行低温炼苗。当幼苗有 4～5 片真叶、苗龄达 45 天左右时定植。

3. 定　植

塑料大棚和日光温室冬春茬与早春茬栽培,要保证白天温度达到 20℃～25℃,夜间最低温度不低于 15℃。定植前结合整地,每 667 平方米施入农家肥 5 000～6 000 千克,磷酸二氢铵 30 千克。选择晴天上午定植。

苦瓜栽培应做畦,畦宽 2～2.7 米,每畦栽 2 行,株距 0.5～0.7 米。秋冬茬株距 0.3～0.4 米。定植时要做到土坨不散,深度以子叶露出地面为宜。

4. 田间管理

（1）温度管理　定植后保持 30℃,以促进缓苗,缓苗后保持 20℃～25℃。开花期白天温度掌握在 25℃～30℃,夜间 14℃～18℃。

（2）**适时浇水追肥** 定植后至根瓜坐住，一般不浇水，及时中耕，促进营养生长。根据植株生长情况和土壤墒情浇水、追肥。应采用膜下灌溉技术或用滴灌技术浇水。浇水后要适当通风，减少棚室内空气湿度。苦瓜生长势很强，在高温季节也能开花结果，所以中后期仍要加强肥水管理，以促进生长结瓜，防止植株早衰。

（3）**搭架（吊蔓）和整枝** 当主蔓长到30厘米左右时引蔓上架。根据品种特点进行植株调整。对于主蔓和侧蔓均可结瓜的品种，前期宜摘除主蔓基部的侧蔓，选留中、上部侧蔓，追肥宜早些。主要靠侧蔓结瓜的品种，宜早留侧蔓，坐果前后开始追肥。中后期需剪除老叶、无瓜的蔓及细弱枝，以保证通风透光。

（4）**采收** 苦瓜的瓜条发育迅速，花后25天便可达到生理成熟。一般开花后12～15天采收嫩瓜。瓜达到采收时的标准是：瓜的瘤状突起饱满，瓜皮具有光泽，瓜顶颜色变浅。

5. 苦瓜保护地栽培中先进技术的应用

（1）**间套作高效栽培技术**

①**大棚苦瓜与辣椒套作栽培** 在湖南省，辣椒选用湘研1号，苦瓜选蓝山大白苦瓜。辣椒于10月中旬育苗，采用营养钵培育壮苗。翌年2月中旬定植于大棚中。辣椒定植后即可在行间直播苦瓜，并搭小拱棚双重覆盖。当外界气温升高，揭去小拱棚，设立支架，竹竿插在辣椒旁边，上部供苦瓜攀缘，下部做辣椒辅助支撑。辣椒可在3月底收获，苦瓜于5月中旬收获。

②**大棚苦瓜与大白菜套种** 大白菜选择春性弱、产量高的春大将、强势等品种。苦瓜选用适合当地消费习惯的优质高产品种，一般于2月下旬播种，3月下旬春大白菜苗具3～4片叶，苦瓜苗长到约20厘米高时定植。采用高畦、铺地膜栽培方

法。当大白菜采收后,对苦瓜结合施肥、培土护根,进行整蔓、吊绳,5月中旬可以上市。

③日光温室苦瓜与草莓间套作 草莓选用早熟、丰产、优质的丰香、秋香等品种。9月底至10月初定植,株行距为16厘米×24厘米。苦瓜于翌年1月上旬播种育苗,幼苗达3叶1心时定植。每隔1畦定植1行苦瓜,株距35厘米。定植时覆盖地膜。定植后及时中耕除草。10月中下旬覆盖棚膜。白天室温宜控制在25℃～30℃,夜间12℃～15℃。在草莓果实膨大期昼温22℃～25℃,夜温12℃左右。11月下旬开始结果,翌年2月中旬采收基本结束。当苦瓜茎蔓伸长后要及时吊蔓,使瓜蔓攀缘生长。3月份以后苦瓜进入结瓜期。在开花结瓜期的每天上午9～10时,进行人工授粉,促进坐瓜。苦瓜从4月初采收,可采收到霜降时结束。

(2)嫁接栽培技术 为了提高植株的耐寒性和抗病性,提早苦瓜的采收期,在保护地苦瓜栽培中采用嫁接技术。其砧木选用黑籽南瓜或丝瓜,丝瓜品种可选宜春地方品种肉丝瓜或台湾农友公司的双依等。接穗品种依当地消费习惯而定。黑籽南瓜育苗时期比苦瓜晚播3～4天,当黑籽南瓜开始长出真叶、苦瓜幼苗1叶1心时即可嫁接,采用靠接法。与丝瓜嫁接时,苦瓜比丝瓜早播2～3天,当丝瓜吐心、苦瓜苗长出1叶1心时进行嫁接,多采用劈接法。嫁接后的7～10天是嫁接苗的愈合期,应严格温、湿度的管理。嫁接苗成活后要及时将砧木上的侧芽摘除。在育苗期间要加强管理,培育出健壮的嫁接苗。定植后的管理方法与保护地内直根苗的管理相同。

四、病虫害防治

冬瓜的常见病害有猝倒病、疫病、枯萎病、炭疽病、霜霉病、病毒病等,常见虫害有瓜蚜、种蝇、小地老虎、蝼蛄、白粉虱等。南瓜的病害常见有病毒病、白粉病、绵疫病、白绢病、霜霉病和炭疽病等,虫害有蚜虫、红蜘蛛、黄守瓜、白粉虱、棉铃虫和小地老虎等。苦瓜抗病虫害能力较强,较少发生严重的病虫危害,但由于其栽培面积不断扩大,如栽培条件及管理技术不良时,也会发生枯萎病、病毒病、炭疽病、疫病、白粉病、斑点病和白绢病等病害以及蚜虫、白粉虱、瓜实蝇等虫害。

(一)常见病害及其防治

1. 猝倒病

猝倒病,又叫卡脖子、绵腐病。主要危害育苗畦中的幼苗,往往造成幼苗成片死亡,导致缺苗断垄。

(1)病原与危害状 猝倒病的病原为真菌中藻状菌的腐霉菌和疫霉菌。以卵孢子在土壤中越冬,由卵孢子和孢子囊从苗茎基部侵染发病。病菌在土壤中能存活1年以上。当种子在出土前被侵染发病时,则造成烂种。幼苗时发病,茎基部产生水渍状暗色病斑,绕茎扩展后,病部收缩成线状而倒伏。在子叶以下发病,出现卡脖子现象。倒伏的幼苗在短期内仍保持绿色,地面潮湿时,病部密生白色绵状霉,轻时局部死苗,严重时幼苗成片死亡。

(2)发病条件 腐霉菌侵染发病的最适温度为15℃～

16℃,疫霉菌为16℃~20℃。一般在苗床低温、高湿时最易发病,育苗期遇阴雨或下雪,幼苗常发病。通常是苗床管理不善、漏雨或灌水过多,保温不良,造成床内低温潮湿条件时,病害发展快。

（3）防治措施

①加强管理 选择地势高燥、水源方便,旱能灌、涝能排,前茬未种过瓜类蔬菜的地块做育苗床,床土要及早翻晒,施用的有机肥要腐熟。床面要平,无大土块,播种前早覆盖,把床温提高到20℃以上。

②培育壮苗 以提高植株抗性。幼苗出土后进行中耕松土,特别在阴雨低温天气时,要重视中耕,以减轻床内湿度,提高土温,促进根系生长。连续阴雨后转晴时,应加强通风,中午可用席遮荫,以防烤苗或苗子萎蔫。如果发现有病株,要立即拔除烧毁,并在病穴撒石灰或草木灰消毒。

③实行苗床轮作 用前茬为叶菜类的阳畦或苗床培育冬瓜苗。旧苗床或常发病的地畦,要换床土或改建新苗床,否则要进行床土消毒保苗。其方法是按每平方米用托布津、苯来特或苯并咪唑5克和50倍干细土拌匀后撒在床面上。也可用五氯硝基苯与福美双(或代森锌)各25克,掺半潮细土50千克拌成药土,在播种时下垫上盖,有一定保苗效果。

④喷药防治 当幼苗已发病后,为控制其蔓延,可用铜铵合剂防治,即用硫酸铜1份、碳酸铵2份磨成粉末混合,放在密闭容器内封存24小时,每次取出铜铵合剂50克对清水12.5升,喷洒床面。也可用硫酸铜粉2份、硫酸铵(化肥)15份、石灰3份,混合后放在容器内密闭24小时,使用时每50克对水20升喷洒畦面,每7~10天喷1次。

2. 疫 病

本病对冬瓜、节瓜、南瓜均可造成危害,尤其冬瓜疫病近年有发展蔓延的趋势,多雨的季节发病严重,在冬瓜将成熟时,突然发病烂瓜,造成严重损失。

(1)**病原与危害状** 冬瓜疫病的病原属真菌中的藻状菌,主要在土壤中或病株残体上越冬,冬瓜种子也能带菌,第二年育苗时直接侵染幼苗。病斑上的病菌,通过浇水、雨溅、空气流动等传播蔓延。主要危害果实,一般先在接触地面或靠近地面部分发生黄褐色水渍状病斑,病斑迅速扩大,稍凹陷,潮湿时表面密生白色绵状霉,病瓜腐烂发臭。叶上病斑黄褐色,受潮后长出白霉并腐烂;蔓上病斑开始为暗绿色,后扩大湿润变软,其上部枯萎。在冬瓜贮运期间也可蔓延腐烂。

(2)**发病条件** 病原菌致病适温为 27℃～31℃。通常在 7～9 月间发生。前旱后雨或者瓜进入成长期浇大水,土壤含水量突然增高,容易引起发病。在低洼、排水不良、重茬地块发病严重,地爬冬瓜比架冬瓜发病严重。

(3)**防治措施**

①选好地块 要选择地势高、排水良好的壤土或砂壤土地块栽培冬瓜。

②实行轮作 对种冬瓜的地要求实行 3～4 年以上的瓜菜或瓜粮轮作。

③加强田间管理 多施有机肥,促进植株生长健壮,根深叶茂,提高抗性。在瓜长大后期用草或砖瓦类物垫瓜,或把瓜吊起来,不让瓜直接接触地面。实行高垄(畦)栽培。雨季适当控制浇水,雨后及时排涝,做到雨过地干;遇干旱及时浇水,浇水时切忌大水漫灌,并应在晴天下午或傍晚进行。

④消灭中心病株 平时注意观察,发现病株要立即拔除,

病穴用石灰消毒,发现半熟病瓜及早摘除。

⑤ 喷药防治 发病前喷洒 1∶1∶250 倍的波尔多液,发病期间可喷洒 75％百菌清 500 倍液,或 80％代森锌 700 倍液。要求喷药周到、细致,所有叶片、果实及附近地面都要喷到,每隔 7～10 天喷 1 次,共喷 3～4 次。采用 72％克露可湿性粉剂毒土 500 倍,在雨季到来之前撒于瓜根周围,也有较好的防治效果。

3. 枯萎病

枯萎病又叫蔓割病、萎蔫病等。主要危害冬瓜的根和根颈部。

(1)病原与危害状 病原属真菌中的镰刀菌,以菌丝体、菌核、厚垣孢子在土壤中的病株残体上过冬。病菌的生活力很强,能残存 5～6 年,种子、粪肥也可带菌。一般病菌从幼根及根部、茎基部的伤口侵入,在维管束内繁殖蔓延。通过灌水、雨水和昆虫都能传病。自幼苗到生长后期都能发病,尤以结瓜期发病最重。幼苗发病时,幼茎基部变黄褐色并收缩,而后子叶萎垂;成株发病时,茎基部水渍状腐烂缢缩,后发生纵裂,常流出胶质物,潮湿时病部长出粉红色霉状物(分生孢子),干缩后成麻状。感病初期,表现为白天植株萎蔫,夜间又恢复正常,反复数天后全株萎蔫枯死。也有的在节茎部及节间出现黄褐色条斑,叶片从下向上变黄干枯,切开病茎,可见到维管束变褐色或腐烂。这是菌丝体侵入维管束组织分泌毒素所致,常导致水分输送受阻,引起茎叶萎蔫,最后枯死。

(2)发病条件 病菌在 4℃～38℃之间都能生长发育,但最适温度为 28℃～32℃,土温达到 24℃～32℃时发病很快。凡重茬、地势低洼、排水不良、施氮肥过多或肥料不腐熟,土壤酸性的地块,病害均重。病菌在土壤中能够存活 10 年以上。

（3）**防治措施**

第一，严格实行3～4年以上的轮作。注意选择地势高、排水良好的地块种冬瓜。

第二，选用抗病品种，采种时必须从无病植株上留种瓜。

第三，播种前严格种子消毒，一般可用福尔马林100倍液浸种30分钟，或用50%多菌灵1 500倍液浸种1小时，然后取出用清水冲洗干净药液后催芽播种。

第四，高垄栽培，多施磷、钾肥，少施氮肥。以充分腐熟的有机肥做底肥。发病期间适当减少浇水次数，严禁大水漫灌，雨后及时排水。

第五，注意观察，发现病株则连根带土铲除销毁，并撒石灰于病穴，防止扩散蔓延。

第六，进行药剂防治。在冬瓜生长期或发病初期可用70%甲基托布津1 500倍液，或50%多菌灵1 000倍液浇灌植株根际土壤，灌药量为每株300毫升左右。

4. 炭疽病

炭疽病主要发生在植株开始衰老的中后期，被害部位主要是叶、茎、果实。如果环境条件适宜，冬瓜苗也能发病。

（1）**病原与危害状**　病原属真菌中的半知菌，以菌丝体、拟菌核在土中病株残体或附着在种皮上越冬。种子带菌能直接侵入子叶，病斑上的分生孢子通过风、雨、昆虫传播，可直接侵入表皮细胞而发病。当叶片感病时，最初出现水渍状纺锤形或圆形斑点，叶片干枯呈黑色，外围有一紫黑色圈，似同心轮纹状。干燥时，病斑中央破裂，叶提前脱落。果实发病初期，表皮出现暗绿色油状斑点，病斑扩大后呈圆形或椭圆形凹陷，呈暗褐或黑褐色；当空气潮湿时，中部产生粉红色的分生孢子，严重时全果收缩腐烂。

（2）**发病条件** 病菌在6℃～32℃均能生长发育,但最适温为22℃～27℃,平均气温达18℃以上便开始发病。气温在23℃、湿度在85%～95%时,病害流行严重。所以,在高温多雨季节,低洼、重茬、植株过密、生长弱的地块,该病发生严重。

（3）**防治措施**

第一,在无病健壮的植株上留种瓜。播种前进行种子消毒,可用福尔马林100倍液浸种30分钟,冲洗净后播种。

第二,选择高燥肥沃的地块种冬瓜。用有机肥做底肥并增施磷、钾肥,生长中期及时追肥,严防脱肥,苗期发现病株应及早拔除。定植后注意摘除病叶、病果。拉秧后及时清洁田园,重病地块要实行3～4年轮作。

第三,收瓜时特别是收种瓜时,要防止损伤果皮,以减少病菌侵染机会。贮放冬瓜的地方要保持阴凉、通风、干燥,以抑制病菌蔓延。

第四,发病初期,随时摘除病叶,并用80%代森锌800倍液,或用50%托布津1 000倍液喷洒叶片,每7～10天喷1次,共喷3～4次即可。

5. 霜 霉 病

霜霉病又叫跑马干、黑毛。主要危害冬瓜、南瓜的叶片,特别在结瓜期发病严重。

（1）**病原与危害状** 病原属真菌中的藻状菌。主要来自两个途径:一是以孢子囊形态传播发病;二是以卵孢子形态在土中病残叶上越冬,第二年通过风、雨传播侵染植株下部老叶片,以后向上蔓延。一般病菌从叶片的气孔侵入,最初在叶上产生水渍状淡黄色小斑点,扩大后受叶脉限制呈多角形斑,黄褐色,潮湿时病斑背面长出灰色至紫黑色霉(孢子囊),遇连续阴雨则病叶腐烂,如遇晴天则干枯易碎。一般从下往上发展,病重时则全株枯死。

（2）**发病条件**　发病与降雨早晚,空气湿度、温度有密切关系。春季当气温回升达到15℃且多雨,空气湿度达85％以上时,便开始发病。一般产生孢子囊的适温为15℃～19℃,萌发适温为15℃～22℃。气温为20℃时,潜育期只有4～5天。多雨潮湿,或忽晴忽雨,昼夜温差大的天气,最利于病害蔓延。平均气温高于30℃,或低于10℃,病害很少发生。

（3）**防治措施**

①选用抗病品种　选用青皮冬瓜、雁脖南瓜等品种,并培育壮苗,提高抗病能力。

②加强栽培管理　施足有机肥做底肥,生长前期适当控制浇水,结瓜时期适当多浇水,但要严禁大水漫灌。植株适当稀植,增强通风透光。

③药剂防治　给幼苗在定植前喷1次药,可用50％福美双500倍液。发病后用75％百菌清1 000倍液,重点喷洒叶的背面,连续喷2次,以控制蔓延。保护地冬瓜可用百菌清烟雾剂熏蒸,每667平方米用量150～200克,分成7～8个点燃烧熏烟。

6. 病毒病

病毒病又叫花叶病。主要侵害植株叶片和生长点。在干旱、蚜虫多的条件下发病早。

（1）**病原与危害状**　病原为黄瓜花叶病毒和甜瓜花叶病毒。病状表现分为花叶型、皱缩型和混合型。花叶型最为常见,染病初期幼叶呈浓淡不匀的镶嵌花斑,严重时叶片皱缩、变形,果实畸形或不结瓜。发病早的能引起全株萎蔫。

（2）**发病条件**　病毒由蚜虫、蜜蜂、蝴蝶等昆虫以及人工摘花、摘果、整枝、绑蔓等田间作业传播,种子也能传染。高温、强日光、天旱有利于病害发生。

（3）防治措施

第一，选用抗病品种；从无病株上留种；播种前进行种子消毒。

第二，春季栽培采取早育苗、简易覆盖等措施，早栽、早收，避开高温和蚜虫活动盛期。加强苗床肥水管理，施用腐熟的有机肥。前期加强中耕，促进根系发育，植株健壮，增强抗病能力。田间整枝、绑蔓实行专人流水作业，减少交叉传染。

第三，实行3～5年的轮作，消灭田间寄主杂草，发现病株立即拔除烧毁。

第四，苗期注意防治蚜虫和白粉虱。定植田间的，早期要防止有翅蚜和白粉虱的迁飞。在该病点、片发生阶段，及时采用药剂防治。

第五，发病初期喷20％病毒A可湿性粉剂500倍液，或1.5％植病灵乳剂800～1 000倍液，或抗毒剂1号300倍液。上述药剂可交替使用，每隔7～9天喷洒1次，共喷3～4次。

7. 白粉病

白粉病在冬瓜和南瓜植株上发生普遍，主要发生在叶片上，其次为叶柄和蔓。

（1）病原与危害状　该病为真菌单丝壳属侵染所致。本菌为专性寄生菌，只能在活体上进行寄生生活。除危害瓜类蔬菜外，还可危害豆类蔬菜和多种草本和观赏植物。它先在植株下部叶片的正面或背面长出小圆形的粉状霉斑，逐渐扩大、厚密，不久连成一片。发病后期使整片叶布满白粉，后变灰白色，最后整个叶片黄褐色干枯。病害多从中下部叶片开始发生，以后逐渐向上部叶片蔓延。

（2）发病条件　该病在田间流行的温度为16℃～24℃。对湿度的适应范围广,当空气湿度在45%～75%时发病快,超过95%时病情发展受抑制。一般在雨量偏少的年份发病轻。遇到连阴天、闷热天气时病害发展迅速。在植株长势弱或者徒长的情况下,也容易发生白粉病。

(3)防治措施

①选用抗病品种 不同品种对白粉病的抗性不同。一般早熟品种抗性弱,中晚熟品种抗性较强,故应选用中晚熟品种。

②加强栽培管理 要重视培育壮苗,合理密植,及时整蔓打叶,改善通风透光条件,使植株生长健壮,提高抗病能力。底肥需增施磷、钾肥,生长期间避免过量施用氮肥。

③药剂防治 常用的药剂有25%粉锈宁可湿性粉剂,20%粉锈宁乳油2 000～3 000倍液,50%多菌灵可湿性粉剂500倍液,25%灭螨锰2 000倍液,75%百菌清可湿性粉剂600～800倍液。在保护地中可用百菌清烟剂熏烟,兼治霜霉病和白粉病。喷药时,注意中下部老叶和叶背处喷洒要均匀。在发病初期,每隔7～10天喷1次,连续喷2～3次,防治效果较好。

(二)常见害虫及其防治

1. 瓜 蚜

瓜蚜俗称腻虫、蜜虫等。通常群集在叶背、嫩茎上吸食汁液,分泌蜜露,使叶片卷缩,瓜苗萎蔫,甚至枯死,缩短结瓜期而造成减产。特别是它能传播病毒病,给生产造成严重损失。瓜蚜的若蚜共5龄,成虫分有翅胎生雌蚜和无翅胎生雌蚜。有翅胎生雌蚜黄色、浅绿色或深绿色,前胸背板及腹部黑色,腹部背面两侧有3～4对黑斑,触角6节,短于身体。无翅胎生雌蚜在夏季多为黄绿色,春、秋季为深绿色或蓝色,体表覆薄蜡粉。腹管黑色,较短,圆筒形,基部略宽,上有瓦状纹。卵为长椭圆形,初产时黄绿色,后变为深黑色,有光泽。蚜虫1年可发生20～30代,冬季主要在温室、苗房和改良阳畦中的瓜类蔬菜上繁殖为害。繁殖的适温为16℃～22℃,温度超过25℃和相对湿度75%以上时,不利于瓜蚜繁殖。在棚室栽培中,由于冬、春季有温暖的环境,夏季又可防雨,有利于瓜蚜周年发生,特别是在干旱年份发生严重。

防治措施:主要是清除棚室内及其周围的杂草。特别是育苗房内要消灭瓜蚜,培育无虫苗,然后再定植到日光温室或塑料棚中。结合整蔓打杈,摘除带虫的茎叶,拿到田外烧毁。已发生蚜虫的要喷施药剂,尽量消灭在初发阶段。可选用的农药有50%马拉硫磷乳油、20%二嗪农乳油、70%灭蚜松可湿性粉剂等各2 000倍液,40%乐果乳油1 000～1 500倍液。也可选用2.5%天王星乳油、2.5%功夫乳油、20%氰戊菊酯乳油各3 000倍液,或混配杀虫剂如40%菊杀乳油、40%菊马乳油各2 000～3 000倍液,21%灭杀毙乳油(增效氰马乳油)5 000倍液等用于喷洒。由于各地长期使用药剂防治,瓜蚜对有机磷杀虫剂已产生耐药性,所以上述杀虫剂不可单一长期使用,应轮换使用。在棚室中每667平方米可用22%敌敌畏烟雾剂0.5千克,于傍晚收工前对其密闭熏烟,以杀灭成虫。也可在花盆内放锯末,洒80%敌敌畏乳油0.3～0.4千克,放上几个烧红的煤球形成烟雾杀虫。

2. 种 蝇

种蝇又叫根蛆、地蛆、粪蛆等。通常是种蝇幼虫为害。一般幼虫在土壤中钻食播下的瓜种子造成烂籽,或从幼苗根部蛀入,顺着幼茎向上为害,引起死苗。种蝇的成虫喜欢腐烂发酵的臭味。所以,施用的厩肥、人粪、豆饼等最易吸引成虫产卵。种蝇一般以卵、蛹在潮湿土中或粪肥内越冬。春季气温回升后,由卵经过2～5天便孵化为幼虫并开始为害。幼虫期20天左右。

防治措施:①重视施肥。一定要施用高温堆制成的腐熟有机肥,要注意施撒均匀,并适当深施,以减少种蝇产卵的机会。②早春土壤解冻后,立即耕地、耙地,苗床或定植地也常进行中耕松土,以减少蝇、虫羽化的机会和数量。③发现幼虫为害时,可用90%敌百虫1 000倍液喷洒苗床或苗根部土壤。随浇水追施氨水液肥,连浇2次,也可减轻蛆害。在成虫发生期,可用敌杀死或速灭杀丁1 500倍液喷洒。

3. 小地老虎

小地老虎又叫地蚕、土蚕、黑土蚕。这是一种杂食性的为害较大的地下害虫。主要以初孵化的幼虫群集在瓜苗心叶和幼嫩根茎部昼夜为害,将叶吃成小孔或缺刻,或将嫩茎咬断,造成缺苗断垄。幼虫3龄以后食量剧增,为害更为严重。一般白天潜入表土,夜间出来活动,尤其在天刚亮的清晨露水多时为害最凶,重者全部毁种。小地老虎以蛹或老熟幼虫在土中越冬,1年可发生3～4代。成虫有喜欢吃糖蜜、飞扑黑光灯的习性。一般白天藏在土缝、草丛等阴暗处,夜间出来飞翔、取食、交尾。雌蛾多在土块下或杂草上产卵。卵为散产或成块,一般每头可产卵800粒左右。幼虫期共6龄。在土壤黏重、低洼、潮湿,特别是耕作粗放、草荒严重的地块,均有利于小地老虎的发生。

防治措施:①勤中耕清除杂草,早春特别是夏季高温多雨,杂草丛生,要及时铲除田间及附近野草,以消灭小地老虎的产卵场所和食料来源。②瓜地实行冬耕晒垡或前茬作物收完后深翻,可冻死或深埋一部分蛹和幼虫,以减轻为害。③人工捕捉。发现瓜苗被咬断或缺苗时,轻轻扒开被害株附近表土,捕捉幼虫,连续捕捉数天,效果很好。④可用40%敌百虫或敌杀死1 000倍液灌苗根部土壤,每株用药量200～300毫升。⑤用1：1糖醋液加适量速灭杀丁药液或安装专用黑光灯诱杀成虫。

4. 蝼蛄

蝼蛄主要咬食幼苗的根部或茎基部,使幼苗地上部枯死。有时也为害种子。在冬瓜育苗期间,往往有蝼蛄在苗床中打洞挖隧道,常使幼苗被咬断主根,或使根悬空与土壤分离,造成吸水肥困难,使幼苗萎蔫、干枯而死亡。蝼蛄一般以若虫或成虫在土中越冬,春暖后出来活动。北京地区一般在3～4月开始活动,4月中旬前后为害严重,约在6月上中旬成虫开始产卵,孵化若虫在卵室内由成虫哺育,经40～60天后离开卵室开始为害。若虫需经过2年的生长发育,第三年8月羽化为成虫。通常蝼蛄白天藏在土里,夜间出地面活动,天冷时钻入地洞越冬。最适宜蝼蛄生长活动的环境条件是有草丛遮盖的潮湿地,特别是含有机质丰富、质地肥沃疏松的砂壤土地。表土层以下10厘米的地温为20℃～22℃,无光、无风、无雨时最有利于蝼蛄的活动。

防治措施:①施用有机粪肥必须充分腐熟,必须施撒均匀并与土掺匀,以减轻蝼蛄为害。②施用毒饵诱杀。一般用90%敌百虫30倍液与炒香的谷子、豆饼、棉籽饼等拌成毒饵,于傍晚时撒在蝼蛄出没的地方,或者在育苗期撒在害虫的隧道口。③在傍晚特别是下雨前或闷热天,气温达到18℃～22℃的夜间,可用白色灯光诱杀,灯光下面必须摆放毒液盆。

④灌药触杀。在蝼蛄出没的洞口处灌入敌杀死或速灭杀丁100倍液,可杀灭成虫或若虫。⑤趁浇水时蝼蛄从洞内爬出来之机捕杀。

5. 白粉虱

白粉虱又叫小白蛾。因其虫体和翅表面被白色蜡粉而得名。在北方冬季室外不能存活,以各虫态在温室越冬并继续为害。近年露地栽培受害有上升趋势。一般以成虫和若虫为害植株和果实。成虫有趋嫩习性,通常是集中栖息于嫩叶背面,吸取汁液并产卵,致使叶片生长受阻而变黄,植株生长发育不良。成虫和若虫还能分泌大量蜜露,堆积于叶面或果面,引起煤污病,影响叶片的光合作用和正常的呼吸作用,导致叶片萎蔫,植株枯死。白粉虱也能传播病毒病。暴风雨多的年份为害较轻,干旱无风雨的年份为害较重。一般秋末冬初,白粉虱从露地迁入温室、大棚等保护地生产设施内,以冬天的加温温室受害最重。在26℃温度下完成1代约需25天。在北京地区温室中一年可繁衍10代左右,可连续为害。到了春天,又从温室、大棚等处迁往露地,继续繁殖为害。

防治措施:①在春季和秋季两次保护地与露地交接换茬时,彻底消灭虫源。即在春季保护地拉秧前用药剂彻底消灭成虫,拉秧时的枯枝烂叶彻底烧毁或深埋,不让卵虫迁往露地。秋季保护地换茬时,进行隔离育苗,不栽带虫苗。注意消灭周围的成虫,杜绝卵或虫迁入保护地。②药剂防治。在为害初期可用10%扑虱灵乳油1 000倍液,或2.5%灭螨锰乳油1 000倍液,或1.8%阿维菌素3 000倍液喷洒,对白粉虱成虫、卵和若虫均有防效。或用2.5%溴氰菊酯乳油1 500液,或20%速灭杀丁2 000倍液喷洒叶片,重点喷幼嫩叶的背面,每7~10天喷1次。在保护地内可用天王星烟雾剂熏烟,杀灭效果很好。也可用80％敌敌畏乳剂配制的烟雾剂熏烟，每667平方米地用敌敌畏0.4～0.5千克，拌在锯末或易燃物上，在晴天傍晚点火熏烟。③用特制的专用黄板诱杀白粉虱成虫，效果也很好。

6. 红蜘蛛

红蜘蛛俗称火蜘蛛、火龙、沙龙等。属蛛形纲蜱螨目叶螨科。成螨、幼螨、若螨可在叶背吸食汁液，并结成丝网。初期叶面出现零星褪绿斑点，严重时遍布白色小点，叶面变为灰白色，全叶干枯脱落。红蜘蛛1年可繁殖10～20代。气温10℃以上时开始繁殖，最适温度为29℃～31℃、相对湿度为35％～55％，高温低湿的条件有利于发生。初发生为点片阶段，后向四周扩散，先为害植株的下部叶片，再向上部叶片转移。管理粗放，植株叶片含氮量高或老衰时，红蜘蛛繁殖加快，为害加重。

防治措施：清除田间杂草及枯枝落叶，结合翻耕晒土整地，消灭越冬虫源。合理灌溉，增加湿度和增施磷、钾肥，以使植株提高抗螨能力。在红蜘蛛点片发生时及时防治，可用1.8％阿维菌素2500～3000倍液，或45％硫胶悬剂300倍液，或20％哒嗪硫磷乳油1000倍液，或2.5％天王星乳油2000倍液，或21％灭杀毙乳油2000～4000倍液，或50％马拉硫磷乳油800～1000倍液，或40％乐果乳油800～1000倍液等喷雾。

金盾版图书,科学实用,
通俗易懂,物美价廉,欢迎选购

怎样种好菜园(新编北方本·第3版)	27.00	蔬菜茬口安排技术问答	10.00
怎样种好菜园(南方本第二次修订版)	13.00	南方蔬菜反季节栽培设施与建造	9.00
南方菜园月月农事巧安排	10.00	南方高山蔬菜生产技术	16.00
南方秋延后蔬菜生产技术	13.00	长江流域冬季蔬菜栽培技术	10.00
南方秋冬蔬菜露地栽培技术	12.00	蔬菜加工实用技术	10.00
		商品蔬菜高效生产巧安排	6.50
蔬菜间作套种新技术(北方本)	17.00	蔬菜调控与保鲜实用技术	18.50
蔬菜间作套种新技术(南方本)	16.00	菜田农药安全合理使用150题	8.00
蔬菜轮作新技术(北方本)	14.00	菜田化学除草技术问答	11.00
蔬菜轮作新技术(南方本)	16.00	蔬菜施肥技术问答(修订版)	8.00
现代蔬菜育苗	13.00	蔬菜配方施肥120题	8.00
图说棚室蔬菜种植技术精要丛书·穴盘育苗	12.00	蔬菜科学施肥	9.00
		设施蔬菜施肥技术问答	13.00
蔬菜穴盘育苗	12.00	名优蔬菜反季节栽培(修订版)	25.00
蔬菜嫁接育苗图解	7.00	大棚日光温室稀特菜栽培技术(第2版)	12.00
蔬菜灌溉施肥技术问答	18.00	名优蔬菜四季高效栽培技术	11.00

　　以上图书由全国各地新华书店经销。凡向本社邮购图书或音像制品,可通过邮局汇款,在汇单"附言"栏填写所购书目,邮购图书均可享受9折优惠。购书30元(按打折后实款计算)以上的免收邮挂费,购书不足30元的按邮局资费标准收取3元挂号费,邮寄费由我社承担。邮购地址:北京市丰台区晓月中路29号,邮政编码:100072,联系人:金友,电话:(010)83210681、83210682、83219215、83219217(传真)。